北京理工大学出版社

幼儿早期学习支持

主　编　郭　茜　王晓菊

副主编　李晓红　刘冬雨

参　编　成莎莎　侯　彤　籍　敏　施　明

　　　　曹　岳　韦　娜　闫　佩　张俪铧

　　　　张思敏　曹新茹

北京理工大学出版社
BEIJING INSTITUTE OF TECHNOLOGY PRESS

版权专有　侵权必究

图书在版编目（CIP）数据

幼儿早期学习支持 / 郭茜，王晓菊主编 . -- 北京：
北京理工大学出版社，2023.11
　　ISBN 978-7-5763-3219-3

　　Ⅰ . ①幼… Ⅱ . ①郭… ②王… Ⅲ . ①幼儿教育
Ⅳ . ① G61

　　中国国家版本馆 CIP 数据核字（2023）第 243562 号

责任编辑：徐艳君　　　**文案编辑：**徐艳君
责任校对：周瑞红　　　**责任印制：**边心超

出版发行 / 北京理工大学出版社有限责任公司
社　　址 / 北京市丰台区四合庄路 6 号
邮　　编 / 100070
电　　话 /（010）68914026（教材售后服务热线）
　　　　　　（010）68944437（课件资源服务热线）
网　　址 / http://www.bitpress.com.cn

版 印 次 / 2023 年 11 月第 1 版第 1 次印刷
印　　刷 / 定州市新华印刷有限公司
开　　本 / 889 mm × 1194 mm　1/16
印　　张 / 13.5
字　　数 / 280 千字
定　　价 / 79.00 元

图书出现印装质量问题，请拨打售后服务热线，负责调换

PERFACE
前　言

本教材结合0～6岁幼儿心理发展特点和《3～6岁幼儿学习与发展指南》核心经验学习指导精神，根据幼儿心理发展的顺序，从动作、语言、认知、社会、艺术五个方面阐述幼儿的学习特点和指导策略，较为全面地阐述了幼儿各方面的学习发展特点与支持。

"幼儿早期学习支持"是指成人为幼儿的早期学习提供鼓励与援助。本教材由六个单元构成，其中，单元一为幼儿早期学习研究概述，单元二～单元六分别介绍幼儿动作、语言、认知、社会性、艺术的发展与学习支持。

本教材有以下特点：

一是设计全面、体系较完整。对幼儿早期学习的主要内容做了较为全面系统的阐述。编写本教材之前，作者系统地研读了幼儿教育人才培养方案和幼儿教育课程教学大纲，使得本教材在人才培养和课程设置、课时安排、教学内容选取等方面形成一个较为完整的体系。

二是理论与实践相结合。本教材包括一定的幼儿心理发展特点理论基础，同时将一线教师丰富的教学经验融入其中，提供了大量的活动案例，兼顾了学生学习的理论性和实践性。

三是内容、体例力求创新。本教材在力图反映本学科领域的最新研究与实践改革成果的同时，在体例上新增了实践部分和知识拓展板块，以项目学习为核心，在学习目标和实践、思考与练习等方面进行了完整设计，使学生学习既有阶段递进性，也有相对的单元完整性。

由于编者水平有限，书中难免存在疏漏及不当之处，敬请各位同行和读者不吝指教。

编　者

CONTENTS
目 录

单元一　幼儿早期学习研究概述

✓ 单元导读

　　幼儿自出生起就已经开始进行积极的学习，早期的学习积累将预示他们未来的发展并影响他们未来的学习。

　　幼儿早期学习包含了认知发展、专业知识技能的获取、一般学习能力的发展、社会情绪发展以及身心健全等各方面。有经验的成人能提供主动的干预、指导与支持，让幼儿在学习过程中获得最大限度的成长。本单元首先介绍了幼儿早期学习的概念、对象和学习支持的重要性，然后概述了幼儿身心发展的规律以及早期学习的特征，最后分析了影响幼儿早期学习的因素，以期帮助学生走进幼儿早期学习的知识殿堂，了解幼儿早期学习的特点和意义，为后期幼儿早期学习支持奠定基础和经验。

◎ 学习目标

> 1.了解幼儿早期学习的年龄范围和概念。
> 2.熟悉幼儿早期学习的特点和影响因素。
> 3.能结合实践思考幼儿早期学习的重要性。
> 4.传承中国力量，树立科学的教育观、价值观。

知识一　幼儿早期学习概述

⬇ 情境导入

　　幼儿天真可爱，对世界充满了好奇，常常问："这是什么？那是什么？""天为什么是蓝色的？白云为什么会飘在天空？""飞机为什么会飞？""树叶为什么会落下？"他们有时会盯着小鱼看很久，有时会拆开玩具汽车看看里面有什么……幼儿的好奇好问的行为都是早期学

习的表现。有人认为幼儿时期正是各项重要能力发展的关键期，成人必须加以教育、指导；有人则认为，学习知识是小学生和中学生的事，幼儿早期应该释放孩子的天性，不应过早进行学习，以免压制孩子的天性。那么，幼儿早期学习是什么？幼儿早期学习对未来发展有什么意义？作为成人应不应该支持、鼓励幼儿早期学习？

知识锦囊

一、幼儿早期学习的概念

理解幼儿早期的概念、对象将会帮助我们从根本上认识幼儿早期学习的内涵和特点，这是学习这门课首先要解决的基本问题。

一提到学习，人们往往与读书、写字、上课，做作业等学业活动联系起来，这种把学习等同于学业活动的看法其实是一种狭义的学习观。心理学认为，学习是指人和动物在生活过程中凭借反复经验而导致有机体的行为或行为潜能的比较持久的变化过程。这里指出了学习的实质，一是学习的结果表现为行为或行为潜能的变化；二是学习引起的行为或行为潜能的变化是比较持久的；三是学习的发生是经由反复经验引起的。而幼儿的学习是人类学习中的一种特殊形式。基于幼儿独特的心理发展特点，结合现代儿童教育学、心理学、儿童发展理论以及学习科学的研究等，人们对幼儿早期学习的理解已经达成了广泛的共识：幼儿早期学习是指0~6岁幼儿的学习。学习的实质是幼儿通过自己特有的方式与周围环境互动的过程，是幼儿主动地探索周围的社会环境、自然环境和物质世界的过程。如图1-1所示，幼儿正在阅读绘本。

《指南》对早期幼儿学习支持的启发

图1-1 幼儿正在阅读绘本

二、幼儿早期学习支持的概念

（一）幼儿早期学习支持的含义

我国《现代汉语词典》中对"支持"一词的解释是"鼓励、提供援助"，由此推论出，

"幼儿早期学习支持"指的是为幼儿的早期学习提供鼓励、援助。这里包含两个重要词汇，学习者（幼儿）与支持者（成人）。首先，学习者与支持者之间面对面或基于工具的双向交流是学习支持的核心内容；其次，学习支持的目的是帮助学习者提高学习质量。因此，对学习者学习活动进行的鼓励、援助是学习支持的重要内容。

（二）幼儿早期学习支持的对象

幼儿教育虽然都强调"教养结合"的理念，侧重点却有所不同。0～3岁幼儿教育旨在促进幼儿健康成长，同时为家长提供便利条件，教育主体是家庭以及营利或非营利性质的早期教育机构。因此，这一阶段的学习支持主要聚焦于家庭、早教机构，即家庭、早教机构为幼儿早期学习提供鼓励、援助。而3～6岁幼儿教育旨在根据幼儿身心发展的特点，实施体、智、德、美全方面发展的教育，促进其身心和谐发展，教育主体主要是托幼机构和家庭。因此，这一阶段的学习支持主要来自托幼机构和家庭，即托幼机构和家庭为幼儿早期学习所提供的鼓励、援助。

幼儿园或早教机构的教师，不仅要对幼儿实施科学的教养活动，同时也要指导幼儿家长掌握科学教养观念，帮助其在家庭中更好地支持幼儿的早期学习。

三、幼儿早期学习支持的重要性

（一）幼儿时期是多种能力发展的关键期和敏感期

人的所有能力都存在发展的敏感期，即某种行为或能力发展的最佳时期。例如，幼儿时期是语言发展的敏感期，幼儿语言学习与模仿能力惊人，能轻松学习外语并掌握标准的口音，而成人学外语不是不可以，但相较于幼儿不但十分费力而且带有母语的口音。此外，研究发现幼儿智力发展的敏感期在4岁前，坚持性品质发展的敏感期在2～4岁。可见0～6岁是人的多种能力、学习品质与生活习惯发展的敏感期，恰当的早期学习支持能帮助幼儿抓住发展机遇，达到四两拨千斤的教育效果。

（二）有效的学习支持可帮助幼儿成为终身学习者

俗话说，"3岁看大，7岁看老。"从幼儿身心发展规律看，孩子在幼儿早期学习到的品行习惯会在他们以后的发展中留下深深的烙印，这种影响将会持续伴随一生。著名儿童教育家蒙台梭利认为，0～6岁的幼儿具有吸收力的心灵，各方面发展都处于人生的开端阶段，他们就像一块海绵，既容易形成良好的学习品质和品德，也容易养成不好的习惯和品质（如表1-1所示）。因此，成人有效的、恰当的支持对个体早期学习的影响巨大，换言之，适宜的支持能为幼儿发展创造良好的开端，帮助幼儿成为终身学习者。

表1-1　蒙台梭利提出的重要敏感期

年龄阶段	敏感期
0～3岁	吸收力的心灵
1.5～3岁	语言的发展
1.5～4岁	肌肉协调与发展
	对细微东西感兴趣
2～4岁	关心真相和现实
	秩序敏感期

学以致用

　　幼儿早期学习的实质是幼儿通过自己特有的方式与周围环境互动的过程，是幼儿主动地探索周围的社会环境、自然环境和物质世界的过程。早期学习支持的目的是帮助幼儿提高学习质量，恰当的早期学习支持能帮助幼儿抓住发展机遇，达到四两拨千斤的教育效果，同时，能为幼儿发展创造良好的开端，帮助幼儿成为终身学习者。因此成人应当对幼儿早期学习进行支持和引导。

知识二　幼儿早期学习的特点

情境导入

10个月大的幼儿学爬还是学走路？

　　10个月大的幼儿，最应该鼓励他做什么样的体能活动？

　　苗苗的宝宝已经10个月大了，作为新手妈妈，苗苗密切注关注着宝宝的每一步成长，但最近却遇到了麻烦事。宝宝最近不再像之前那般安静，十分好动，小腿也比之前有力量。老人说根据"三翻六坐七滚八爬周会走"的发展规律，最近应该让宝宝多练习爬的动作，这样慢慢就可以学习走路了。但应该在平滑的地板上爬还是在斜坡上爬呢？还是引导宝宝学习走路？应该选哪个呢？也有人认为，有些幼儿大动作发展得快，不用爬就直接会走。不爬就走路真的好吗？作为新手妈妈，面对幼儿早期学习有诸多困惑，到底应该怎样支持幼儿早期学习呢？

📗 知识锦囊

一、幼儿身心发展的主要特征

（一）婴儿期的主要特征

婴儿期一般指幼儿从出生到满3周岁的阶段。婴儿期是幼儿生理发育与心理发展最迅速的时期，这一时期幼儿的神经系统与大脑发育迅速。从大脑功能看，3岁的幼儿已具有大脑功能单侧化倾向，左半球逐渐显示出语言优势。幼儿感觉的发展先于动作的发展，新生儿只能看到距离眼前20厘米左右的物体，随着年龄增长，在感知觉方面幼儿的视敏度、听敏度、颜色视觉、听觉、立体知觉等方面已初步形成并具有符号记忆能力、信息编码能力、动作思维能力以及简单的问题解决能力。

在动作发展方面，婴儿在3个月左右开始摇头、开始翻身，到6个月左右婴儿会向左右两个方向翻身，婴儿的行走动作、手的动作得到了发展，其动作发展的顺序是从首部到尾端、从躯干到四肢、从整体到特殊。这一时期婴儿的学习分三个层次：习惯化、工具性条件反射、语言的掌握。

语言发展是婴儿发展的重要内容，4个月左右的婴儿开始咿咿呀呀学语，而6个月的婴儿则喜欢把元音串在一起学说话。2岁以后幼儿的语言理解以及记忆能力、表达能力都迅速提升，变得十分"健谈"，基本能说出比较长的句子，具有简单的对话能力。

在情绪发展方面，新生儿只有最原始的情绪反应，如皱眉和哭泣。随着年龄增长，幼儿情绪逐渐分化和增多，产生愤怒、厌恶和恐惧等情绪。到3岁时，幼儿已经陆续产生同情、尊重、羡慕、惊骇等20多种情绪。同时，情绪也开变得复杂多变，经常出现一会儿哭、一会儿笑的情况。

（二）幼儿期的主要特征

幼儿期一般指幼儿3～6岁的阶段。幼儿期是幼儿身心飞速发展的时期，也是多种能力学习和发展的关键期。从生理特征看，6～7岁的幼儿的脑重量与体积已接近成人水平，大脑皮层结构进一步复杂化，睡眠时间由新生儿的每天20小时以上减少为11～12小时。该阶段的幼儿已经进入了幼儿园，由于幼儿身心发展和生活范围的扩大，他们对周围世界充满了好奇和探索的欲望，早期学习的积极性和主动性十分强烈。

在心理发展方面，幼儿的认知活动带有明显的具体形象性和随意性，具体形象性体现在认识事物需要实物的支撑和场景的支持。随意性主要表现为幼儿以无意记忆和无意注意为主，在活动过程中行为不稳定，很容易被外界新异事物吸引注意力。随着幼儿升入中班，其思维的抽象概括性也开始发展，能够理解一些抽象的事物。

在记忆力方面，幼儿的记忆容量、有意识记忆能力随着年龄增长明显增强，形成了初步的记忆策略和记忆能力。

在语言能力方面，幼儿的语言能力不断发展。首先表现为词汇数量的增加，5～6岁的幼儿大约可以掌握3 600个词汇。其次，随着年龄增长，幼儿对词义的理解也更加确切和深化，不仅能掌握词的一种意义，而且能掌握词的多重意义。口语表达能力的提高也是语言能力发展的一个重大标志，幼儿不仅能正确使用和表达词汇和句子，还能有感情地表达出自己的需求和想法。

在性格方面，这一时期幼儿的个性倾向逐步形成，有的活泼外向，有的害羞内向，在与同伴进行游戏时能表现出自己的交往能力，如帮助、分享、安慰等。

总之，这一时期的幼儿能以一种全新的方式去认识世界，表达和解释自己的想法和愿望，接受成人的教育与指导，进行早期学习的能力也逐渐提高，这预示着成人在进行学习支持时只有遵循幼儿早期学习的特点和规律，才能掌握科学的教养观念和行之有效的支持策略。

二、幼儿早期学习的特点

早期学习是幼儿持续发展与健康成长的基础，是终身学习的"起点工程"，也是早期教育的出发点。幼儿早期学习的特点和规律是其年龄特征、认知与心理发展的特殊性和规律性的反映，因此，把握幼儿早期学习的心理特点十分重要。

（一）早期学习的主动性

早期学习的萌芽从胎儿第一次通过自身感知声音和光线时便已经发生了。幼儿自出生起便不停地探索环境中的信息，并尝试认识和理解身边的人、事、物。正如蒙台梭利所说，每个孩子都有一颗"有吸收力的心灵"，早期学习并不是被动的接受，它更像是呼吸一样，是主动的索取。

早期学习的主动性会时刻体现在日常生活中的小事中，如幼儿喜欢将一个玩具扔出去捡回来，扔出去再捡回来，一直重复一个动作，这种在成人看来很无聊的活动其实是幼儿探索物体的游戏。基于此，真正的学习支持并不是成人要教给幼儿什么内容，而是要创设一个有质量、有准备的环境，让幼儿在成人提供的环境支持中自由地学习、自由地发展与成长。

例如，如果一个孩子生活在充满感觉刺激的家庭中，他就更有可能注意到并利用新出现的感觉刺激。他也许会欣喜于阳台上妈妈种下的花朵吐出的芬芳，也许会为爸爸奏出的美妙琴声所吸引。反之，如果一个孩子生活在只有电视机的噪声和父母的争吵声中，他可能对大自然中的生机勃勃毫无兴致，因为他缺少相应的感知基础。

（二）早期学习的具体性与行动性

幼儿早期学习的具体性、行动性与该阶段幼儿思维发展密切相关。学习是思维的外在表现，幼儿的思维发展一般从直观行动思维开始，继而发展具体形象思维，再到抽象逻辑思维。直觉行动思维和具体形象思维则成为幼儿早期的主要思维方式。对于幼儿而言，其认知、思维、记忆、学习、情感和态度等是通过身体来表达与创造的。幼儿的经验体验来自他们的身体最直接、最具体的感受，具体来讲就是认识事物必须用身体去操作，去感知。例如，桌子上放了一个红苹果，幼儿想吃却又够不到，起初幼儿可能会踮起脚尖使劲够，尝试之后觉得不行可能会站在椅子上够，拿起晾衣竿够……直到成功够到红苹果，这个过程中幼儿所有的经验都是通过自己身体的感知和尝试操作获得的。因此，幼儿的早期学习必须经由自己来完成，而不能由任何成人来代替，他们需要直接感知、亲身体验和动手操作，如图1-2和图1-3所示。

图 1-1　幼儿正在进行户外游戏

图 1-2　幼儿正在探索平衡球的奥秘

（三）早期学习的内隐性

早期学习的内隐性即无意识地、不知不觉地获得环境中的复杂知识。这主要与幼儿早期心理过程的发展有关。早期幼儿以无意注意和无意记忆为主，幼儿活动没有明确的目的，而是不断被周围环境中的新异刺激所吸引，继而引起了内隐学习。如幼儿的第一语言就是在相应的环境中无意识地获得的。相对于有意学习，内隐学习具有明显的优势，首先，内隐学习的过程是无意识的，无目的的，因此不需要幼儿付出一定的努力，轻松就可以获得复杂的知识。

外显学习系统是在内隐学习发展稳定的基础上才逐渐发展进化的。换言之，通过内隐学习获得的早期经验是后期有意学习的基础和铺垫。因此，日常的家庭生活、幼儿园生活、社会生活，所有的零碎时间都是幼儿进行内隐学习的良好契机，都可以成为幼儿获取知识、开阔眼界、活跃思维的有效学习机会。如图1-4所示，幼儿在室内进行红绿灯的游戏，在愉快的玩耍当中体验遵守交通规则的重要性。

图 1-4　幼儿在室内进行红绿灯的游戏

（四）早期学习的差异性

受遗传因素和环境因素的影响，个体之间的差异性在幼儿早期学习过程中就开始显现，表现出不同的兴趣爱好和优势资质。因此，早期学习的差异性可以理解成个体的学习优势偏向。作为幼儿早期学习的支持者，成人要学会尊重幼儿的差异性，重视因材施教，顺应幼儿的自然天性，发现他们的特长和优势，找到他们各自的兴趣点和爱好，并鼓励支持他们在这些方面坚持不懈。

综上，幼儿早期有着许多领域发展的敏感期，同时，也有着不同于人生其他任何时期的独特学习心理。成人在孩子的幼儿期多付出一些辛苦，往往有四两拨千斤的作用，结合幼儿早期学习特点进行科学、适时的学习支持，往往会增强孩子诸多领域的学习动力和学习品质。

学以致用

幼儿是独立的个体，他们有自己独特的发展规律和年龄特征。了解幼儿早期学习的特点和发展规律是支持幼儿早期学习的基础。新手妈妈在怎样支持孩子学习走路这件事上犯难，主要原因是对幼儿早期动作发展的规律和特点不够了解。父母在养育孩子的过程中会遇到很多诸如此类的教养问题和困惑，但只要牢牢把握住幼儿早期学习的特点和身心发展规律，就能起到支持幼儿早期学习的目的。

知识三　影响幼儿早期学习的因素

⬇ 情境导入

轰动一时的狼孩事件

1920 年，在印度歌加尔达的一个小山村里，当地人经常见到一种"神秘生物"出没于附近森林。到了晚上，就有两个用四肢走路的"像人的怪物"尾随在三只大狼后面。后来，人们打死了大狼，发现这两个怪物原来是两个小女孩，其中大一点的女孩有七八岁，小的约两岁。这两个小女孩被人们送到孤儿院去抚养，还给她们取了名字，大的叫卡玛拉，小的叫阿玛拉。到了第二年，阿玛拉死了，而卡玛拉一直活到 1929 年。

狼孩刚被发现时就像一只狼，生活习性与狼一样，用四肢行走，白天睡觉，晚上出来活动，怕火光和水，只知道饿了找吃的，吃饱了就睡，不吃素食，只吃肉，吃肉时不用手拿，而是放在地上，用牙齿撕开吃。不会讲话，每到午夜后像狼一样嚎叫，卡马拉经过七年的教育，才掌握四五个词，勉强地学会几句人类的语言，开始朝人的生活习性迈进。卡玛拉死时，其智力只相当于三四岁的孩子。狼孩刚被发现时的表现和接受教育后的发展水平，给教育学以及心理学的发展带来了一定的启示，这就是曾经轰动一时的狼孩事件。

📖 知识锦囊

有的幼儿在早期学习时安静认真，有的幼儿粗犷大胆，有的幼儿喜爱动手操作，有的幼儿喜欢热情表达，有的幼儿善于思考与分析……每个孩子都是父母的心头肉，都是那么纯真可爱，但在早期学习阶段又各有不同，呈现出不同的特点和品质。影响幼儿早期学习的因素主要包括遗传因素、外界环境因素以及幼儿个体主动性因素，早期学习是个体遗传表达、经验动态交互的结果。了解幼儿早期学习的影响因素是教师和家长科学支持、帮助幼儿早期学习的前提。

一、遗传因素对幼儿早期学习的影响

（一）遗传的内涵

遗传是一种生物现象。遗传在个体身上体现为遗传素质，父母的机体构造、形态、感官和神经系统的特征等通过基因遗传给子女。遗传因素是幼儿早期学习的生物前提和自然条件。

（二）遗传因素对婴幼儿早期学习与发展的影响

遗传主要分为生理遗传和心理遗传两方面。

生理遗传主要指父母对子女身高、长相、肤色、体型的影响。其中可能包含着很多早期学习的优势偏向，如父母身材高大、体型健壮、擅长运动，子女大多也会体现出这方面的天赋。

心理遗传因素主要指父母的气质特点、性格等会通过基因遗传给子女。这决定着许多与学习、能力、情绪和人格相关的个人特质。如英国科学家高尔顿做过一项有趣的调查，在调查的30个有艺术能力的家庭中，这些家庭中的子女有艺术能力的占64%；而在150个无艺术能力的家庭中，其子女只有21%表现出艺术能力。此外，智力、记忆力等心理特点也跟遗传密切相关。

综上，遗传因素是影响0～6岁幼儿早期学习的重要因素，但不起决定作用，幼儿的健康成长是由遗传因素、环境因素、个体主动性因素等共同起作用的。

二、环境因素对幼儿早期学习的影响

（一）环境的含义

先天的遗传因素确立了早期学习的内在潜力和天赋，而后天的环境因素则促成了这些潜力的发挥，能够将潜力变成现实的能力，如"孟母三迁"的故事。简单来说，环境是指影响个体发展的外部世界，分为物质环境和心理环境。物质环境主要指自然环境和社会环境。自然环境对人的发展具有一定的影响和作用，但起主要影响的是社会环境，主要包括家庭、社区、学校、娱乐场所等，对幼儿来说，家庭和学校是其接触最多的环境。除此之外，心理环境也会对幼儿早期学习的效果产生潜移默化的影响，如教师和父母对幼儿的态度、人际关系、教育观念、学习支持等。如图1-5所示，干净、温馨、舒适的幼儿园环境是幼儿健康成长的重要条件。

图1-5 幼儿园环境

（二）环境因素对幼儿早期学习的影响

幼儿正处于人生的开端阶段，具有极强的可塑性和巨大的发展潜力，很容易受到外界环境的影响。重视环境因素要强调物质环境和教师、家长的教养在幼儿早期学习中发挥的关键作用。

1. 物质环境对幼儿早期学习的影响

幼儿园内环境的布置和各种材料的投放、更新和展示都会潜移默化地影响幼儿，激发幼儿社会、情感、认知方面的学习。教师可以通过布置环境，在感官上给幼儿营造一种温暖、轻松、愉快的感觉，将教育目的渗透在环境布置中，从而支持幼儿的学习和探索。如幼儿表现出对消防车的兴趣和探索欲望时，教师可以在环境布置中体现这一主题，同时尽可能提供与消防车相关的游戏材料和玩具，给幼儿提供丰富的感官刺激和充足的探索空间。

2. 心理环境对幼儿早期学习的影响

一方面，教师、家长对幼儿的态度及人际关系对幼儿早期学习具有重要的影响。教师与父母在教养过程中是否尊重幼儿人格，满足幼儿的生理需要、情感需要与交往需要是幼儿早期学习的心理基础。如幼儿在幼儿园中感受到教师在时刻照顾自己的生活（满足生理需要），经常被教师拥抱（满足情感需要），教师经常在同伴面前夸奖自己（满足交往需要），这些都是良好心理环境的表现。生活在良好心理环境中的幼儿，往往会在早期学习中表现出更强的创造力和探索欲望。

另一方面，教师、家长的教育观念也会对幼儿早期学习产生重要影响。在生活中，拥有科学教育观念的教师、家长，往往会更加尊重幼儿、理解幼儿，能够用科学的观念适时地支持幼儿早期学习。如婴幼儿被地上的蚂蚁吸引了目光，看似普通的事情在教师眼里就是一次学习的契机，通过细致观察与分析，可以针对性地对幼儿的学习给予支持和鼓励。

三、个体主动性因素对幼儿早期学习的影响

尽管遗传和环境因素对幼儿早期学习有重要的影响，但幼儿早期学习不是被动的。幼儿是独立的个体，有自己的身体和心理构造，也有自己的需要和愿望，是积极主动的学习者。2岁的幼儿就有自己拿勺子学习吃饭的需要，有自己选择衣服、鞋子颜色款式的愿望，这些都说明幼儿不是被动接受环境的影响，而是积极主动的学习者。个体主动性是幼儿发展的内在原因，同样的环境对于不同的幼儿可以产生不同的影响，因此教育者在对幼儿早期学习进行支持和指导时，要时刻关注到幼儿个体的学习兴趣、需要和发展规律，切不可忽视幼儿主动性而强制幼儿学习知识。如图1-6所示，幼儿用自己的方式模仿学习。

图 1-6　幼儿用自己的方式模仿学习

学以致用

　　情境导入中狼孩的事例对我们有很大的启发。卡玛拉是一个言语器官生来很健全的孩子，由于出生以后不与人类社会接触，缺乏合适的语言环境和刺激，即便长大后回归社会仍然很难学会说话，甚至不可能有正常的心理发展。这说明幼儿身心发展不仅受到遗传影响，后天环境也是影响幼儿身心发展的重要因素。

知识拓展

格赛尔的"双生子爬楼试验"

　　格赛尔曾经做过一个非常著名的实验，叫作"双生子爬楼梯试验"，研究双生子（即双胞胎）在不同的时间学习爬楼梯的过程和结果。被试者是一对出生46周的同卵双生子哥哥和弟弟，格赛尔先让哥哥在48周时每天进行10分钟的爬梯实验，48周的幼儿刚学会站立，或者仅会摇摇晃晃勉勉强强地走，经历了许多的跌倒、哭闹、爬起的过程。哥哥艰苦训练了6周后，即54周的时候，终于能够独立爬楼梯了。弟弟则不进行此种训练。在54周测试，哥哥爬5级楼梯需要26秒，弟弟需要45秒。从第54周开始，格赛尔对哥哥和弟弟连续进行两周爬梯训练，结果，这两个小孩哪个爬楼梯的水平高一些呢？大多数人肯定认为应该是练了8周的哥哥比只练了2周的弟弟好。但是，实验结果出人意料——只练了2周的弟弟爬楼梯的水平比练了8周的哥哥好，弟弟在10秒钟内爬上特制的五级楼梯的最高层。

　　格赛尔分析说，46周就开始练习爬楼梯，为时尚早，孩子没有做好成熟的准备，所以训练只能取得事倍功半的效果；52周开始爬楼梯，这个时间就非常恰当，孩子做好了成熟的准备，所以训练就能达到事半功倍的效果。这个实验给我们的启示是：教育要尊重孩子生理成熟水平，在孩子尚未成熟之前，要耐心地等待，不要违背孩子发展的自然规律，不要违背孩子发展的内在"时间表"而人为地通过训练加速孩子的发展。

📖 知识巩固

一、选择题

1. 【多选题】幼儿早期学习有哪些特点？（　　）

A. 主动性

B. 具体性与行动性

C. 内隐性

D. 差异性

2. 【单选题】以下对幼儿早期学习支持的含义理解正确的是（　　）。

A. 早期学习支持是在早教机构上课

B. 早期学习支持就是看孩子

C. 早期学习支持是为了"不让孩子输在起跑线上"

D. 早期学习支持是促进幼儿身心全面发展的过程

3. 【单选题】幼儿早期学习支持的价值和意义是（　　）。

A. 帮助幼儿成为终身学习者

B. 有巨大的经济价值

C. 不让孩子输在起跑线上

D. 可以提前学习知识

二、论述题

1. 你如何看待"龙生龙，凤生凤，老鼠生儿会打洞"这句俗语？

2. 请结合实际谈一谈幼儿早期学习有哪些特点。

三、案例分析题

"上"和"下"

在一家早教机构的亲子活动中，家长和孩子围坐在教师周围进行"举高高"游戏，教师引导家长把孩子举起来，同时说出"上"，然后把孩子放下，再说出"下"，让孩子在音乐律动中掌握上和下的概念。一个孩子被教室旁边的跷跷板吸引了注意力，挣脱妈妈跟跟跄跄地走到跷跷板旁，妈妈赶紧追上孩子，试图把他拽回来继续进行亲子游戏。这时，早教中心的教师建议这位妈妈不要打乱孩子的兴趣，而是陪着孩子一起玩跷跷板，当跷跷板跷到上面时，引导孩子说出"上"，当孩子落下时，再引导他说出"下"。

问题1：请结合案例说一说什么是早期学习支持。

问题2：你觉得这位教师的做法对吗？如果你是教师，你会怎么做？

单元二 幼儿早期动作发展与学习支持

单元导读

随着年龄的增长，幼儿的动作也在不断发展，那么幼儿早期动作发展的特点与规律是什么？成人应该提供哪些支持以促进幼儿动作发展的长足进步？本单元首先介绍了幼儿身体发育的概况、规律、影响因素及支持策略，然后对幼儿早期粗大动作及精细动作的概念、顺序、发展特征、教育意义及支持策略进行了详细论述，以期帮助学生深入了解幼儿早期动作发展的特点，从而能够因材施教，提供适宜的指导和帮助，为幼儿的动作发展提供学习支持。

学习目标

1.把握幼儿早期动作发展、身体发展的要点，初步具备促进幼儿早期动作发展的能力。

2.引导学生了解中华传统体育运动项目在幼儿动作发展中的作用和应用。

3.选择适合幼儿早期动作发展的具有中国元素的游戏项目，培养学生对幼儿、对中国传统文化的热爱。

任务一 幼儿早期身体发育与学习支持

情境导入

户外活动结束后，孩子们满头大汗地回到教室。王老师说："孩子们，你们刚才出了许多汗，需要补充大量的水分，每个人都要喝满满一杯水哦！"于是，孩子们纷纷拿起水杯，排队接水去了。

思考：王老师的做法对吗？为什么？

知识锦囊

幼儿早期动作发展更多地表现在一些基本动作的学习、联系以及活动上，而这些基本动作的发展受到身体发育，特别是骨骼肌肉的发展顺序以及神经系统支配作用的制约。因此，在具体了解幼儿粗大动作以及精细动作发展特点、支持策略之前，有必要深入学习幼儿身体发育的相关知识。

一、身体发育的概况

身体发育情况是幼儿健康状况的重要表现，我们一般通过多种指标的监测来科学地评估幼儿的健康状况。当下，评价幼儿身体发育最常用的指标有形态指标与生理功能指标两类，因此，在本节内容的学习中，我们也将围绕形态特点与生理功能特点两个维度来介绍幼儿身体发育的概况。

（一）形态特点

1. 身高

身高表示立位时颅顶到脚跟的总高度。婴幼儿一般需要卧位测量，故称身长。不同年龄幼儿的身长特点如表2-1所示。

表2-1　不同年龄幼儿的身长特点

年龄段	身长特点
足月新生儿	平均身长为50厘米，男婴比女婴略长
出生后的第1个月	身长可增长4～5厘米，这是幼儿身长增长最快的阶段
12个月以内	身长增长依然很快，平均每月可增长2～3厘米，其中前半年大约可增长16厘米，后半年可增长8～9厘米。1岁时的身长约为出生时的1.5倍
1～2岁	1岁以后，幼儿身长的增长速度逐渐减慢。1～2岁平均身长能增长10厘米
2岁以后	年平均身长幼儿增长5厘米左右

2. 体重

体重是身体各部分、各种组织的重量总和，在一定程度上说明骨骼、肌肉、身体脂肪和内脏重量增长的综合情况，不同年龄幼儿的体重特点如表2-2所示。

表2-2　不同年龄幼儿的体重特点

年龄段	体重特点
足月新生儿	正常体重为2.5～4千克。随着体液的排出，新生儿在出生7天内体重大约会减轻10%，第二周开始恢复，之后体重会迅速增长

续表

年龄段	体重特点
前 3 个月	增长最快，平均每月增长 0.6 ~ 1 千克，最好不低于 0.6 千克
3 ~ 6 个月	增长速度逐渐减慢，平均每月增长 0.6 ~ 0.8 千克
6 ~ 12 个月	增长速度继续减慢，平均每月增长 0.25 千克。1 岁时的体重大约是出生时的 3 倍
1 ~ 3 岁	1 岁以后，幼儿的体重增长速度明显减慢。1 ~ 3 岁平均每月增长 0.15 千克，全年增长 2 ~ 3 千克

3. 头围

头围是从眉弓上方经枕后结节绕头一周的长度（如图2-1所示），是反映幼儿头部发育的重要指标。不同年龄幼儿的头围特点如表2-3所示。

图 2-1　测量头围

表 2-3　不同年龄幼儿的头围特点

年龄段	头围特点
足月新生儿	平均头围为 34 厘米，正常足月新生儿出生后第一个月头围能增长 2 ~ 3 厘米，此时可达 36 ~ 37 厘米
1 ~ 3 个月	头围增长最快，一般可增长 5 ~ 6 厘米。以后增长速度逐渐变慢
1 岁	头围平均为 46 厘米
2 岁	头围年增长约 2 厘米
3 岁	头围年增长 1 ~ 2 厘米，平均头围约 48 厘米。以后直到 15 岁，仅增长 4 ~ 5 厘米，达到成人的头围

4. 胸围

胸围表示胸廓的围长，是指经过胸中点的胸部水平围度（如图2-2所示）。

新生儿出生时的平均胸围为32厘米，胸围一般比头围小1~2厘米。随着年龄的增长，胸围逐渐赶上头围。胸围在出生第一年增长迅速，平均可增长12厘米。1岁时，胸围与头围相等；1岁后，胸围增长明显快于头围，胸围逐渐超过头围。

图 2-2　测量胸围

（二）生理功能特点

1. 神经系统

人体内各个器官、系统能够协调地工作，离不开神经系统的调节。神经系统是人体最复杂的系统，是其他各器官与系统的"总司令"。幼儿的神经系统具有以下生理特点：

（1）脑发育迅速，但大脑功能发育不够健全。

（2）大脑易兴奋、易疲劳，需要较长的睡眠时间。不同年龄幼儿的睡眠时间如表2-4所示。

表 2-4　不同年龄幼儿的睡眠时间

年龄段	睡眠时间
新生儿	每天睡眠 18 ~ 20 小时，除了吃奶和大小便，基本处于睡眠状态
1 ~ 6 个月	每天需要睡眠 16 ~ 18 小时
7 ~ 12 个月	每天需要睡眠 14 ~ 15 小时
1 ~ 2 岁	每天需要睡眠 13 ~ 14 小时
2 ~ 3 岁	每天需要睡眠 12 小时
5 ~ 7 岁	每天需要睡眠 11 小时

（3）脑细胞的耗氧量大。在空气污浊、氧气不足的环境中，幼儿更容易产生头晕眼花、全身无力的现象。

（4）植物性神经发育不全。表现为内脏器官的功能活动不稳定，如：心率及呼吸频率较快，且节律不稳定；胃肠消化功能容易受情绪的影响。

2. 感觉器官

感觉是人们认识世界的途径，包括视觉、听觉、触觉、嗅觉、味觉及本体感觉等。其中，视觉和听觉是最主要的感觉，人们获取的信息，70%靠视觉，20%靠听觉。幼儿的感觉器官具有以下生理特点：

（1）眼的特点。一是眼球前后径较短，呈生理性远视，一般到5～6岁就可恢复为正视。二是晶状体弹性大，调节能力强，能看清很近的物体。三是可能出现生理性倒视，比如幼儿倒转着看书。

（2）耳的特点。一是外耳皮下组织少，易受损。二是咽鼓管相对比较短且宽，倾斜度小，易患中耳炎。三是耳蜗的感受性强，对噪声特别敏感。

（3）皮肤的特点。一是皮肤娇嫩，保护功能差，易受伤。二是皮肤的代谢活跃，分泌物多。三是皮肤调节体温的功能差。四是皮肤的渗透作用强，有毒有害物质易被吸收，引起中毒。

3. 运动系统

运动系统由骨、骨连接和骨骼肌组成，具有造血、支持体重、保护内脏器官以及运动等功能。幼儿的运动系统具有以下生理特点：

（1）骨的特点。一是骨髓造血功能强。幼儿的骨髓均为红骨髓，造血功能强，5岁以后，长骨骨干内的红骨髓逐渐被脂肪组织代替，成为黄骨髓，黄骨髓没有造血功能。二是骨骼韧性大，易变形。三是骨膜较厚，再生能力强。发生骨折后新骨形成较快。四是骨化未完成。颅骨、胸骨、脊柱、腕骨、骨盆等均未发育完全。

（2）关节的特点。一是关节活动范围大，易脱臼。二是足弓不结实，易塌陷。

（3）肌肉的特点。肌肉易疲劳，恢复快。大肌肉发展较早，小肌肉发展较晚。

4. 呼吸系统

人体不断吸进氧气、呼出二氧化碳的过程称为呼吸，呼吸系统是人体与外界进行气体交换的一系列器官的总称。幼儿的呼吸系统具有以下生理特点：

（1）呼吸器官的特点。呼吸系统由呼吸道及肺组成，呼吸道包括鼻、咽、喉、气管、支气管。临床上通常把鼻、咽、喉称为上呼吸道，气管、支气管称为下呼吸道。幼儿呼吸器官的特点如表2-5所示。

表 2-5　幼儿呼吸器官的特点

呼吸器官	特点
鼻	幼儿的鼻腔狭窄，黏膜柔软，没有鼻毛，过滤空气的能力较差，容易受感染
咽	幼儿的咽部相对狭小，位于其中的咽鼓管较宽、短且平直，上呼吸道感染时易并发中耳炎
喉	幼儿喉腔狭窄，黏膜柔嫩，一旦发生炎症，易使喉腔更狭窄导致呼吸困难。幼儿喉部的保护机制尚未完善，如果进餐时说笑，易将食物呛入呼吸道。此外，幼儿的声带短且薄，不够坚韧，声门肌肉容易疲劳

呼吸器官	特点
气管和支气管	幼儿的气管和支气管较狭窄，管壁柔软，弹性较差，管腔干燥，纤毛运动差，容易发生感染，造成呼吸困难
肺	幼儿肺的弹性组织发育较差，血管丰富，肺泡数量少，容量小，整个肺脏含血多、含气少，因而感染时易引起肺不张、肺气肿和肺淤血等

（2）呼吸运动的特点。幼儿新陈代谢旺盛，耗氧量较大，但幼儿以腹式呼吸为主，呼气和吸气动作表浅，只能通过加快呼吸频率以满足生理需要，所以幼儿年龄越小，呼吸的频率越快。不同年龄幼儿的呼吸频率如表2-6所示。

表2-6 不同年龄幼儿的呼吸频率

年龄段	新生儿	1岁以内	1～3岁	4～6岁
呼吸频率（次/分）	40～45	30～40	25～30	20～25

此外，幼儿的年龄越小，呼吸的节律性就越差，一般表现为深度呼吸与表浅呼吸交替进行，这是由于幼儿呼吸中枢发育不完善所造成的。

5. 消化系统

人体进行各种生命活动所需要的营养物质和能量，都来自食物。其中，食物中所不能被人体直接吸收的蛋白质、糖类和脂质，都必须通过消化系统的消化作用，才能被人体吸收利用。

消化系统由消化管和消化腺组成。消化管是指从口腔到肛门的管道，包括口腔、咽、食道、胃、大小肠。消化腺包括口腔腺、肝、胰和消化管壁内的许多小腺体。幼儿的消化系统具有以下生理特点：

（1）口腔。

①牙齿。牙齿的发育始于胚胎第6周，到出生时已有20颗乳牙牙胚。

乳牙的萌出是有一定规律的，一般在出生后6～7个月开始萌出。最先萌出的是2颗下中切牙（下门牙），然后萌出上面的4颗切牙（上中切牙、上侧切牙），再萌出2颗下侧切牙，1岁时会有8颗牙。1.5岁左右，4颗第一乳磨牙萌出，在切牙与磨牙之间留有空隙（尖牙的位置）。2岁左右，4颗尖牙萌出。最迟2.5岁，4颗第二乳磨牙萌出，20颗乳牙全部出齐。6岁左右，乳磨牙的后面长出第一颗恒磨牙，但并不与乳牙交换，称"六龄齿"。7～12岁时乳牙逐渐脱落，为恒牙所替代。

幼儿的乳牙钙化程度低，牙釉质较薄，牙本质软脆，咬合面的窝沟又较多，容易被酸性物质所腐蚀而发生龋齿。

②舌。幼儿的舌短而宽，灵活性不足，具体表现为对食物的搅拌及协助吞咽的能力不足，发音不标准，比如幼儿经常把"哥哥"叫成"得得"。

③唾液腺。婴儿的唾液腺发育不完全，分泌唾液较少，因而婴儿的口腔较干燥。3～4个月以后唾液的分泌逐渐增多，到6～7个月，由于出牙的刺激，唾液的分泌量大为增加。但这个时候婴儿的口腔小而浅，吞咽不及时，大量分泌的唾液往往会流出口腔，这种现象叫作"生理性流涎"。随着年龄的增长，这一现象会逐渐消失。

（2）食道。幼儿的食道短而窄，黏膜薄嫩，管壁的弹力纤维及肌肉组织不发达，易受损伤。

（3）胃。新生儿的胃呈水平横位，即胃的上口和下口几乎水平，到开始行走时才逐渐变得垂直。由于贲门括约肌比较松弛，所以婴儿吃奶时如果吞咽下空气或胃部被震动，就容易溢奶。幼儿的胃容量是不断变化的，不同年龄幼儿的胃容量如表2-7所示。

表 2-7　不同年龄幼儿的胃容量

年龄	新生儿	3个月	1岁	3岁	4岁	5岁	6岁
胃容量/毫升	30～50	100	250	680	760	830	890

幼儿的胃壁组织正处于发育过程中，胃的蠕动机能差，胃腺数目少，胃液酸度低，消化酶少，因而消化能力弱，容易导致消化不良。

（4）肠。幼儿肠的相对长度比成年人长，新生儿肠的长度约为身长的8倍，较大一点的婴幼儿肠的长度约为身长的6倍，而成年人肠的长度仅约为身长的4倍。幼儿肠管的管径宽，黏膜发育良好，含有丰富的血管和淋巴管，通透性好，具有很强的吸收能力。

幼儿的肠壁肌肉及弹力纤维尚未发育完全，肠的蠕动功能较弱，小肠内各种消化液所含的消化酶较少，故幼儿的消化能力较弱，容易产生便秘。

幼儿的结肠壁薄，无明显的结肠带和脂肪垂，升结肠和直肠与腹后壁的固定较差，若久坐或久蹲厕所，容易脱肛；腹部受凉、饮食突然改变、腹泻等，可使肠道蠕动加强并失去正常节律，诱发肠套叠和肠扭转。

（5）肝脏。幼儿的肝脏相对较大，5～6岁时肝重约占体重的3.3%，而成年人只占2.8%。幼儿肝脏的血管丰富，结缔组织较少，肝细胞再生能力强，患肝炎后恢复较快。但幼儿的肝细胞发育不健全，肝功能不完善，分泌的胆汁较少，对脂肪的消化能力较差，肝储存糖原较少，饥饿时易发生低血糖。此外，幼儿肝的解毒功能差，损害肝脏的药物要慎用。

（6）胰腺。幼儿胰腺的功能发育尚未完全，出生时胰腺重2～3.5克，4～5岁时约20克，而成年人的胰腺重65～100克。幼儿的胰腺内富含血管及结缔组织，实质细胞少，分化不全，虽然分泌的胰液中已经具备了成年人所有的各种酶，但消化能力依然较弱。

6. 循环系统

循环是指各种体液在人体内不停地流动和相互交换的过程。循环系统是人体内一个密闭的、连续的管道系统，主要包括血液循环系统和淋巴系统。

　　血液循环系统由心脏、血液和血管组成。血液由心脏搏出，经过血管，将氧气和营养物质输送到人体的各个器官组织，同时将体内的二氧化碳和代谢废物运输到排泄器官。淋巴系统包括淋巴液、淋巴管和淋巴结，是血液循环系统的辅助和补充。幼儿的循环系统具有以下生理特点：

　　（1）血液循环系统。

　　①心脏。幼儿时期心脏生长较快，1岁时幼儿心脏的重量是出生时的2倍，5岁时为出生时的4倍，体积也相对较大。但幼儿的心肌纤维细，弹性纤维少，心室壁较薄，心脏的收缩能力较差，每搏输出量少，负荷力较差，因此，幼儿不宜进行长时间的剧烈运动。

　　由于幼儿心脏的输出量少，而新陈代谢旺盛，为了满足机体的生理需要，心脏不得不通过增加收缩次数来补偿。因而，幼儿的心率比成人要快，且年龄越小，心率越快。不同年龄段人的平均心率如表2-8所示。

表 2-8　不同年龄段人的平均心率

年龄段	新生儿	1～2岁	3～4岁	5～6岁	7～10岁	成人
平均心率（次/分）	140	110	105	95	85～90	75

　　此外，幼儿的年龄越小，心脏收缩的节律越不稳定。

　　②血液。幼儿的血液总量相对成年人较多，占体重的8%～10%。刚出生时，血液多集中在内脏和躯干，因而新生儿的四肢容易发凉。新生儿血液中的红细胞和血红蛋白含量也较高，一周后快速下降呈现"生理性贫血"，以后又逐渐增加，7～8岁时达到成人水平。

　　幼儿血液中血小板数目与成人相近，但血浆中的凝血物质，如纤维蛋白、无机盐等较少，因此幼儿一旦受伤出血，凝固较慢。新生儿出血需8～10分钟凝固，而成年人仅需3～4分钟凝固。

　　幼儿体内的白细胞吞噬病菌的能力较差，且对机体起到防御和保护作用的中性粒细胞较少，故幼儿的抵抗力差，容易感染疾病，且发生感染容易扩散。

　　③血管。幼儿血管的内径相对较宽，毛细血管丰富，且血管比成年人短，血液在体内循环一周所需的时间短，如3岁时需15秒，14岁时需18秒，成人则需22秒，故输送给其他器官组织的氧气和营养物质充足，有利于幼儿的生长发育和疲劳感的消除。

　　此外，由于幼儿心肌力量薄弱使得心脏收缩射出的血液量少，同时由于血管内径较宽，血液流动阻力小，因此，幼儿的血压较低，且年龄越小，血压越低。

　　（2）淋巴系统。幼儿的淋巴系统发育较快，但扁桃体在4～10岁时发育到高峰，故幼儿易患扁桃体炎。幼儿的淋巴结尚未发育完全（12～13岁时才发育完善），故幼儿淋巴结的屏障作用差，感染易扩散，局部轻微的感染，都有可能引起淋巴结的发炎、肿大甚至化脓。

7. 泌尿系统

人体新陈代谢产生的大部分代谢产物，通过泌尿系统排出体外。泌尿系统包括肾、输尿管、膀胱和尿道。尿在肾脏里生成，经输尿管输送到膀胱，膀胱暂时储存尿，待尿液储存到一定程度会通过尿道排出体外。幼儿的泌尿系统具有以下生理特点：

（1）肾脏相对大，位置低，功能不完善。新生儿的肾脏相对较大，出生时约重25克，占体重的1/120，而成人的肾脏约重300克，仅占体重的1/200。婴幼儿的肾脏位置相对较低，随着身高的逐渐增长，肾脏位置也不断升高，最后到达腰部。

幼儿的肾脏正处于积极发展完善的阶段，功能较弱，肾小球的滤过作用和肾小管的重吸收能力都比较差，浓缩尿和排泄代谢废物的能力均不及成年人，且易出现肾功能紊乱。

（2）尿道短，容易发生上行感染。幼儿的尿道较短，新生男婴的尿道为5～6厘米，新生女婴的尿道更短，仅为1～2厘米。幼儿尿道黏膜柔嫩，发育不完全，容易损伤和脱落。特别是女婴，本身尿道就短，而且尿道外口暴露在外，离肛门很近，非常容易造成尿道被粪便污染，导致细菌经尿道上行，引起上行性泌尿道感染。男婴虽然尿道较长，但是包皮内积垢也会引起细菌的上行感染。

（3）储尿机能差，排尿次数多。幼儿的新陈代谢旺盛，本身产生的尿液总量就较多，但幼儿的膀胱容量较小，储尿机能差，故幼儿排尿次数远多于成人，且年龄越小，排尿次数越多。新生儿每天排尿20～25次，1岁时每天排尿15～16次，2～3岁时每天排尿10次左右，6岁时每天排尿6～7次。

8. 内分泌系统

内分泌系统是人体的调节系统，由内分泌腺和内分泌组织组成。内分泌腺可分泌激素，经血液循环到身体的各个器官，促进和协调人体的新陈代谢、生长发育、性成熟和生殖等过程。人体的主要内分泌腺有垂体、松果体、甲状腺、胸腺、肾上腺、胰腺和性腺等。幼儿的内分泌系统具有以下生理特点：

（1）生长激素影响幼儿生长。生长激素是影响生长发育的一种重要激素。生长激素的分泌具有昼夜不均匀性，夜间入睡后，生长激素才大量分泌。如果幼儿睡眠时间不够、质量不高，生长激素分泌不足难以满足身体发育的需求，就有可能出现生长迟缓、身材矮小。

（2）缺碘影响幼儿的智力和生长发育。甲状腺是影响幼儿生长发育和智力发育的内分泌腺，而碘是合成甲状腺激素的重要原料。幼儿若缺碘可导致甲状腺功能不足，影响生长发育，表现为身材矮小、智力低下、听力下降、性器官发育不全等，称为"呆小症"。

（3）胸腺发育影响幼儿的免疫功能。幼儿若胸腺发育不完全，会影响机体的免疫功能，导致反复出现呼吸道感染或腹泻等疾病。

（4）性腺在幼儿期发育缓慢。女孩的性腺是卵巢，男孩的性腺是睾丸，10岁以前，性腺发育缓慢，性成熟时才迅速发育。

9. 生殖系统

人类通过生殖系统来繁殖新个体。生殖系统的功能是产生生殖细胞，繁殖后代，分泌性激素和维持第二性征。生殖系统可分为外生殖器官和内生殖器官。男性外生殖器官包括阴茎和阴囊；内生殖器官包括睾丸、附睾、输精管、精囊、射精管和前列腺等。女性外生殖器官包括阴阜、大阴唇、小阴唇、阴蒂、前庭及前庭大腺；内生殖器官包括阴道、子宫、输卵管及卵巢。幼儿的生殖系统具有以下生理特点：

（1）发育非常缓慢。受松果体褪黑素的影响，生殖系统发育处于被抑制的状态，要到青春期的中期才会迅速发育成熟。

（2）抗感染能力弱。女孩生殖器在幼儿时期表现为阴道狭长、无皱襞，阴道酸度低，容易发生感染和损伤。男孩生殖器在幼儿时期有可能包茎或包皮过长。这些因素都有可能导致外生殖器感染。

（3）幼儿时期是性心理发育的关键时期。3岁左右的幼儿已经形成了较为稳定的性别角色意识，能够表现出与自身性别相适应的心理和行为，但他们经常会提出"为什么他要站着尿尿，而我要蹲着尿尿"这样的问题。5~6岁时幼儿会出现"恋父""恋母"情结，并提出"我是怎么来的"这样的问题，偶尔还会玩弄外生殖器。幼儿期是形成性别自我认同、性别角色意识的关键期，成人应注意对幼儿进行科学、随机的性教育，使幼儿形成正确的性别自我认同和性别角色意识与行为，并提高自我保护意识，防范性侵害。

二、身体发育的规律

（一）身体发育的不均衡性

1. 发育速度不同

幼儿身体发育的速度不是直线上升的，而是呈现波浪状，有时快、有时慢。胎儿时期身长、体重的增长是一生当中最快的阶段。出生后的头2年，增长速度依然很快。

2岁之后，身长每年平均增长4~5厘米，体重每年平均增加1.5~2千克，保持在一个相对稳定的速度，直到青春期再出现第二次身体发育的突增。

2. 发育比例不同

在身体发育的过程中，身体各个部分发育的比例是不同的。胎儿时期头部较大，约占身长的1/2，躯干和四肢较为短小；而成人头部较小，仅占身长的1/8，躯干和四肢较为修长。一个人从出生到成熟，头部只增大了1倍，而躯干却增长了2倍，上肢增长了3倍，下肢增长了4倍。

3. 各系统的发育不均衡

在身体发育的过程中，各个系统的发育是不均衡的。其中，神经系统特别是大脑的发育一直处于领先地位。出生时脑重仅相当于成人脑重的25%，而6～7岁时，脑重量已经相当于成人脑重的90%了。

淋巴系统在10岁之前发育特别迅速，12岁左右儿童的淋巴系统已达成年人的200%，青春期达到高峰。此后，逐渐退缩。

生殖系统在幼儿时期几乎没有发育，到青春期才会迅速发育。

同一系统中各个器官的发育也不均衡，如神经系统中大脑优先发育，脑干次之，小脑发育较晚。

各个系统的发育虽然是不均衡的，却是协调的，它们相互影响、相互适应，共同促进着人体的生长发育。

（二）身体发育的个体差异性

由于遗传因素以及后天环境的影响，幼儿的身体发育在遵循基本规律的基础上，必然表现出明显的个体差异，呈现出高矮、胖瘦、强弱等不同。没有两个幼儿的发育水平和发育过程是完全一样的。因此，在对幼儿进行评价时，应注意纵向比较，而不是简单地根据数据"一刀切"。

三、影响身体发育的因素

（一）先天因素

影响幼儿身体发育的先天因素包括遗传因素和非遗传因素。遗传因素对幼儿的发育起着决定性作用，幼儿的身高、体重、体型等都受到父母双方遗传因素的制约。非遗传因素，如孕期状况，也会对幼儿的身体发育产生重要影响。如：孕妇怀孕时营养不良，可使胎儿发育迟缓；孕妇用药也会对胎儿产生不同程度的影响。

（二）后天因素

1. 营养

营养是身体发育最重要的物质基础，充足的营养能够促进幼儿的身体发育。一方面，如果营养供给不足，特别是出生后前两年严重的营养不良，不仅会造成幼儿的发育迟缓，还会影响幼儿智力、心理以及社会适应能力的发展。

另一方面，如果营养过剩，又可能造成肥胖。目前，肥胖已经成为制约幼儿健康成长的一大隐患。

2.体育锻炼

适宜的体育锻炼和劳动能增强幼儿体质,是促进幼儿身体发育的重要因素。但需要注意的是,体育锻炼不是一蹴而就的,应从婴儿时期开始,逐渐养成良好的锻炼习惯。

3.生活安排

根据幼儿的年龄特点,合理安排幼儿的一日生活作息,保证充分的睡眠和户外运动,定时进餐,动静交替,可以很好地促进幼儿的身体发育。

4.疾病

幼儿的身体发育可能受到各种疾病的影响,影响的程度取决于疾病的性质、病程的长短以及病变涉及的部位等。因此,积极防治幼儿常见病、传染病和寄生虫病很有必要。

5.其他因素

家庭和社会也会在一定程度上影响幼儿的身体发育,特别是家庭的经济状况、人口的多少、家长的个人素养以及育儿理念等,都会影响幼儿的身心发育。季节也会对身体发育产生一定影响,一般来说,春季身高增长较快,秋季体重增长较快。此外,各种环境污染和噪声,也会影响幼儿的身体发育。

四、身体发育的支持策略

幼儿的形态特点受到生理功能特点的制约,只有生理功能的各个系统协调完善地工作,幼儿才能在身高、体重、头围、胸围等形态特点方面表现出适宜的增长。所以关于幼儿身体发育的支持策略,我们依然围绕生理功能特点的九个维度来阐述。

(一)神经系统发育的支持策略

1.保证充分的营养

幼儿正处于脑细胞发育的高峰期,如果缺乏必需的营养物质,将严重影响神经细胞的数量和质量。因此,应为幼儿提供科学合理的膳食,保证优质蛋白质、磷脂、维生素、无机盐等营养物质的供给。

2.保证充足的睡眠

睡眠能够让人体的各个系统、器官得到充分的休息,消除疲劳,特别是神经系统。因此,应保证幼儿睡眠的时间和质量,特别是体弱儿,需要的睡眠时间应更长。

3.保证新鲜的空气

幼儿脑细胞的耗氧量大,因此幼儿生活的环境应定时通风,保证空气新鲜,以满足幼儿发育对氧气的需求。

4. 合理安排一日生活

应根据幼儿的年龄特点合理安排作息制度，动静交替，防止兴奋后产生过度疲劳，使幼儿生活有规律，养成良好的习惯，从而更好地发挥神经系统的功能。

5. 积极开展体育锻炼

符合幼儿年龄特点的体育锻炼，能够提高神经系统的灵敏性和准确性，加强神经系统的调控能力，促进脑的发育。

（二）感觉器官发育的支持策略

1. 眼发育的支持策略

（1）创设良好的采光条件，提供适宜的读物。

（2）养成良好的用眼习惯。

（3）注意眼部的安全与卫生。

（4）提供均衡营养。

（5）定期测查视力。

2. 耳发育的支持策略

（1）避免异物进入外耳道。

（2）不要用尖锐物体掏耳朵。

（3）预防中耳炎。

（4）远离噪声。

（5）生病时慎用药物。

（6）发现听力异常应尽早治疗。

3. 皮肤发育的支持策略

（1）培养良好的盥洗习惯（如图2-3所示）。

（2）注意衣着卫生。

（3）提高皮肤的适应能力。

（4）正确选用护肤品。

（5）预防经皮肤接触中毒。

图2-3　幼儿盥洗

（三）运动系统发育的支持策略

1. 供给充足的营养

骨骼的发育需要大量蛋白质、钙等，还需要维生素D促进钙的吸收；肌肉的发育需要大量

蛋白质、葡萄糖等。因此，为幼儿提供合理的膳食，保证营养的均衡充足，是运动系统发育的前提。

2. 培养正确的身体姿势

正确的坐姿应该头略向前倾，身体坐直、背靠椅背；大腿和臀部大部分在座位上；小腿与大腿成直角，两手自然放在腿上；脚自然放在地上。有桌子时，身体与桌子距离适当；两臂能自然放在桌子上，不耸肩或塌肩，坐时两肩一样高。

正确的站姿应该头端正，两肩平，挺胸收腹，肌肉放松，双手自然下垂，两腿站直，两足并行，前面略分开。

正确的行走姿势应该抬头挺胸，不全身乱扭。

3. 开展适当的体育锻炼和户外活动

体育锻炼和户外活动可以使肌肉更加健壮有力，还能刺激骨骼的生长，增强骨骼的硬度。户外活动时阳光的照射，可使身体产生维生素D，促进钙的吸收，预防佝偻病。

4. 衣物宽松舒适

幼儿应穿宽松舒适的衣物，避免穿过紧的衣服或鞋子，以免影响血液循环，影响骨骼和肌肉的发育；过于宽松也不合适，不仅不利于保暖，还影响运动，从而造成意外伤害。

5. 保护好幼儿的关节和韧带，预防外伤

不要猛拉幼儿的手臂，防止"牵拉肘"。教育幼儿不要从高处往较硬的地面跳，以免损伤膝关节和骨盆。运动前后要做好热身和放松，以免肌肉拉伤。

（四）呼吸系统发育的支持策略

1. 保持室内空气清新

幼儿活动室应定期开窗通风，保持空气流通，以减少空气中细菌的数量，并保证氧气的含量。

2. 培养良好的卫生习惯

帮助幼儿养成用鼻子呼吸的习惯，充分发挥鼻腔的保护作用。教育幼儿不挖鼻孔，正确擤鼻涕，咳嗽、打喷嚏时遮挡口鼻，不蒙头睡觉，不随地吐痰。安静进餐，不边吃边玩、边吃边笑，更不要把小东西塞入鼻孔。

3. 科学组织体育锻炼和户外活动

经常参加户外活动和体育锻炼可以加强幼儿呼吸肌的力量，促进胸廓和肺的发育，增加肺活量；还可以预防呼吸道感染，增强抵抗力（如图2-4所示）。

图 2-4　幼儿户外锻炼

4. 保护幼儿声带

鼓励幼儿用自然、优美的声音说话、唱歌，不要大喊大叫。

（五）消化系统发育的支持策略

1. 保护幼儿的牙齿

帮助幼儿养成早晚刷牙、饭后漱口的好习惯（如图2-5所示）。教育幼儿不要咬坚硬的东西。纠正幼儿的不良习惯，如咬指甲、吃手指等，以预防牙列不齐。幼儿的饮食中应供应充足的钙，少吃零食和含糖量高的食物，多吃纤维素含量较多的食物。定期检查牙齿，以便有问题早发现早治疗。

图 2-5　幼儿饭后漱口

牙齿的相关知识

2. 培养良好的进餐习惯

教育幼儿饮食应定时定量，不挑食，不偏食，不暴饮暴食；进餐时细嚼慢咽，不边吃边笑，也不边吃边玩（如图2-6所示）；少吃零食；饭后擦嘴、漱口，吃完零食也应及时漱口。

图 2-6　幼儿安静进餐

3.养成定时排便的习惯

帮助幼儿养成定时排便的习惯，适当运动，多吃蔬菜、水果等粗纤维较多的食物，多喝开水，以防便秘。

（六）循环系统发育的支持策略

1.合理安排膳食，预防贫血

多给幼儿提供含铁及蛋白质丰富的食物，如瘦肉、豆制品、动物肝脏等，这些食物有利于血红蛋白的合成，预防贫血。

2.开展适宜的体育锻炼，增强幼儿体质

适宜的体育锻炼可以促进血液循环，增强造血机能。开展体育锻炼应符合幼儿年龄特点和生理需求，安排合适的运动量和强度。注意运动前做好热身，运动后做好放松。特别是剧烈运动后不宜立即停止，也不宜马上饮入大量开水。

3.预防动脉硬化应始于幼儿

应帮助幼儿养成有利于健康的饮食习惯，少盐少油，口味清淡，从而帮助幼儿成人之后预防动脉硬化。

4.关注颈部淋巴结，重视疾病预防

应多关注幼儿的身体状态，可触摸幼儿颈部，观察颈部淋巴结的大小和硬度，淋巴结肿大、变硬往往是疾病的信号。

（七）泌尿系统发育的支持策略

1.养成及时排尿的习惯

应加强对幼儿的教育和引导，帮助幼儿养成及时排尿的习惯，不长时间憋尿。

2. 保证充足的饮水量

每天饮入足量的水，既可以满足机体新陈代谢的需要，又可以多形成尿液，通过排尿清洁尿路，避免尿路感染。

3. 保持外阴清洁

应随时注意保持幼儿外阴的清洁，不要让幼儿穿着开裆裤坐在地上，避免细菌侵入会阴。擦大便时应从前往后擦，以免粪便污染尿道口。帮助幼儿养成便后、睡前清洗外阴的习惯，注意清洗方法，并保证清洗工具的专人专用。

4. 厕所及排泄用具应干净卫生

幼儿的厕所、便盆应每天消毒，保证环境以及厕纸的干净卫生。

（八）内分泌系统发育的支持策略

1. 保证充足的睡眠

保证充足的睡眠，有利于脑垂体分泌生长激素，促进生长发育。

2. 科学合理地补碘

食用加碘盐以及含碘的食物，可以预防碘缺乏症，提升甲状腺功能。但应注意碘的摄入也不是越多越好。

3. 防止幼儿"性早熟"

不要盲目食用保健食品和儿童营养品，避免接触环境类激素，以免幼儿性腺提前发育，出现"性早熟"，并抑制生长。

（九）生殖系统发育的支持策略

1. 衣着应宽松、舒适

幼儿的内衣应宽松舒适，最好选用棉质材料。男孩内外裤都应宽松，以免影响睾丸的发育。女孩应每天换洗内裤，不穿紧身裤。

2. 保持外生殖器的清洁卫生

应帮助幼儿养成每天用清水清洗外生殖器的习惯。女孩应注意清洗的水温，不要过高，以成人手摸不凉即可；男孩洗澡应注意清洗包皮垢。

3. 关注性教育

幼儿期性教育从引导幼儿认识自己的性别开始，成人应帮助幼儿初步进入性别角色，了解基本的性卫生知识，建立初步的性道德观念。

学以致用

运动后不宜马上喝大量凉水，因为运动后大量出汗，水分、盐分流失较多，突然饮用大量的水会增加心脏的负担，所以最好饮用少量多次的淡盐水，及时补充因流汗而失去的水分和电解质。因此，王老师的做法是不科学的。

活动案例

案例一：听听是谁在唱歌（4～5岁）

活动目标：初步了解耳朵的作用，知道保护耳朵的基本方法。

活动准备：

（1）铃鼓、响板、撞钟、沙槌等乐器。

（2）儿歌《耳朵》相关图片。

活动过程：

1.听听是谁在唱歌

（1）请幼儿闭上眼睛，教师逐个击打铃鼓、响板、撞钟、沙槌等，请幼儿猜猜是什么乐器在唱歌并回答他是怎么知道的。

（2）教师表扬幼儿的耳朵真灵，引出活动。

2.试一试

（1）幼儿用手捂住耳朵，听教师朗诵儿歌《耳朵》。请幼儿将手拿开，说说儿歌中都说什么了。

（2）幼儿不用手捂耳朵，听教师朗诵儿歌《耳朵》，并说说儿歌中都说什么了。

（3）引导幼儿谈谈两次听儿歌的感受，初步了解耳朵的功能：耳朵主要是用来听声音的，对人的生活很重要。

3.讨论活动

（1）启发幼儿讨论：哪些情况对耳朵有不好的影响？应该怎样保护耳朵？

（2）教师和幼儿共同总结保护耳朵的方法：保持耳朵清洁；不随便挖耳朵；不大喊大叫；不长时间待在嘈杂的环境里；声音过大时，应捂住耳朵、张大嘴巴等。

（3）教师出示图片，引导幼儿学唱儿歌《耳朵》。

4.活动建议

（1）活动后，教师引导幼儿感受噪声给人们带来的麻烦，知道轻声说话的好处。

（2）日常生活中，教师随机开展"我叫轻轻"的活动，引导幼儿轻声说话，轻轻走路，轻拿轻放玩具、物品等，避免发出嘈杂的声音。

案例二：乖小猫（3～4岁）

活动目标：知道有尿意要及时如厕，不憋尿。

活动过程：

（1）用讲故事的方式引出儿歌《乖小猫》，引导幼儿学说儿歌。

（2）讨论：小花猫因为贪玩，有尿也不去尿，这样做对吗？后来小花猫怎么做了呢？

小结：不管在做什么，有尿就要及时去卫生间，不能憋着。

（3）在日常生活中提醒幼儿及时如厕。

乖小猫

小花猫，喵喵叫，有尿贪玩不去尿。

小花猫，你别叫，贪玩憋尿可不好。

小花猫，眯眯笑，赶快跑到厕所尿。

任务二　幼儿早期粗大动作发展与学习支持

单元导读

点点从7个月时就开始匍匐爬行，到了10个月时还是不能腹部离地爬行，家里人都比较着急。点点妈妈在一旁给他示范，他也无动于衷。爷爷奶奶干脆用双手扶起他的腰，点点很不情愿地抗拒。

思考：点点的这种表现属于动作发展的哪一类？对于点点的动作发展，你有哪些好的教育建议？

知识锦囊

《指南》中关于动作发展的
相关知识

一、粗大动作的概念

粗大动作是指有关全身大肌肉活动的动作，依赖头颈部肌肉群、腰部肌肉群和四肢肌肉群参与的动作，也叫大动作。粗大动作包括抬头、翻身、坐、爬、站、走、蹲、跑、钻、跳、平衡等基本动作（如图2-7所示）。

图 2-7　幼儿粗大动作游戏

二、粗大动作发展顺序

（一）0~6月龄头部、躯干控制初级阶段

俯卧位时，能勉强抬头离开床面；俯卧抬头时由前臂支撑头部可抬离床面30°左右；竖直抱起时，其头部能维持竖直状5~10秒；渐渐俯卧抬头离床水平面约90°，并能较灵活地向两侧转动、观看；仰卧位时腿部弯曲上抬，可使双脚接近嘴部或双手握脚，头部可左右转动；双手前撑床面，能平稳地坐5~10秒；能熟练翻身，在仰卧状态能自如地翻转到俯卧状态。

（二）7~12月龄躯干、四肢协同阶段

能独坐自如，坐位稳定，上肢能做一些简单动作，如伸手取物等，能从俯卧位自如地转至仰卧位，能匍匐爬，可扶物站立，双手扶栏杆等物可站立片刻；逐渐可以四跪爬，即以手、膝作支撑，腰、头挺起向前爬行；能自行坐起，自如地从俯卧状态转向坐位且坐得很平稳，扶着物体能侧向行走数步；牵拉两只手能向前行走数步，独立站稳，在没有依托的情况下能平稳站立片刻。

（三）12~24月龄直立行走逐渐稳定阶段

可独立行走，能张开双手以保持平衡；能坐位站起，用两手推撑两侧地面使身体重心移至脚部从而站起来，行走逐渐稳定；独立走稳，行走自如无左右摇摆；牵拉着一只手能上楼梯，能较快地行走，能过肩扔球，但方向性还不是很好；开始跑，并会用双脚跳离地面。

（四）25~36月龄移动与平衡协调阶段

能独立上楼梯，会倒退走，会踮脚尖走；能双脚同时跳出20厘米远的距离，保持平衡不摔倒，能双脚交替上楼梯。

（五）37～48月龄身体控制与平衡阶段

在抚养人提醒下能自然坐直、站立；能沿地面直线或在较窄的低矮物体上走一段距离；能双脚灵活交替上下楼梯；能身体平稳地双脚连续向前跳；四散跑时能躲避他人的碰撞；能双手向上抛球；能单手将沙包向前投掷；能单脚连续向前跳2米左右；能双手抓杠悬空吊起10秒左右。

（六）49～60月龄身体控制与灵敏阶段

在提醒下能保持正确的站、坐和行走姿势；能在较窄的低矮物体上平稳地走一段距离；能以匍匐、膝盖悬空等多种方式钻爬；能助跑跨跳过一定的距离，或助跑跨跳过一定高度的物体；能连续自抛自接球；能单手将沙包向前投掷4米左右；能与他人玩追逐、躲闪跑的游戏；能单脚连续向前跳5米左右；能双手抓杠悬空吊起15秒左右。

（七）61～72月龄身体控制与协调阶段

经常保持正确的站、坐和行走的姿势；能在斜坡、荡桥和有一定间隔的物体上较平稳地行走；能以手脚并用的方式安全地爬攀登架、网等；能连续拍球；能躲避他人滚过来的球或者扔过来的沙包；能单独连续向前跳8米左右；能双手抓杠悬空吊起20秒左右。

三、粗大动作的发展特征及训练目标

（一）爬

1. 爬的动作发展阶段及其特征

爬行是幼儿最早的身体移动方式，它包括攀爬和钻爬，主要强调上下肢交替移位使身体产生移动的一种运动方式（如图2-8所示）。

幼儿在七八个月时就能用前臂支撑拖着身体前进，大约在八个半月就能用手和膝盖爬行前进，开始手臂和腿同时活动。3岁的幼儿通常能协调地手膝着地爬，而6岁的幼儿已能进行匍匐爬、仰身爬、攀爬、钻爬以及多人协同爬等。爬的动作发展阶段及其特征如下：

图2-8　幼儿爬行

第一阶段（2～3岁）

攀爬：逐步学会交替脚上下台阶；双手双脚攀爬时，多半是并手并脚，动作仍不够灵敏，协调性较差，手握横木的姿势不正确。

钻爬：已能基本掌握正面钻的动作要领，但过程中还不能较好地弯腰、紧缩身体；除协调地掌握手膝着地的爬行动作以外，爬越以及手脚着地爬还显得有些笨拙。

第二阶段（4～5岁）

攀爬：能协调地交替脚上下台阶；双手双脚攀爬时动作开始协调，但从攀登设备下来时，仍然并手并脚。

钻爬：正面钻爬的动作掌握得较好，基本上学会了侧面钻爬的动作，但两腿在屈与伸的交替动作方面有时还不够灵活。

第三阶段（6～7岁）

攀爬：已能在攀爬设备上较熟练、灵活地做钻爬、移位、悬垂等动作，动作较灵敏、协调。

钻爬：各种钻的动作基本掌握，能有意识地弯腰、紧缩身体，准确地钻过各种障碍物；除协调地掌握手膝着地的爬行动作以外，爬越以及手脚着地爬也较熟练。

2. 开展爬的活动和注意事项

开展爬行活动应关注爬行环境的干净、卫生。绝大多数的幼儿在自然生长中会自然习得爬的动作。教师在开展爬行活动中除了关注幼儿爬行动作的发展，还要注意通过创设富有干预的环境提高幼儿爬行的速度、灵敏性及挑战性。

3. 爬的动作要领及训练目标

（1）手膝着地爬。

动作要领：手膝着地，左（右）手和右（左）膝及小腿协调配合用前爬行，头稍抬起，目视前方（如图2-9所示）。强调异侧手膝的同步向前及动作的协调性。

图2-9　幼儿爬的游戏

训练目标：增强四肢的肌肉力量以及背肌力，提高动作的协调性。

（2）并手并膝爬。

动作要领：身体呈跪姿，两手相并于体前，双膝相并。爬行时，双手同时向前支撑，收腹，双膝同时向双手并拢，再次同时把双手向前支撑。

训练目标：增强上肢及腹背部的力量。

（3）肘膝着地爬。

动作要领：身体呈跪姿，双臂屈肘，双肘着地，双臂放于头两侧。爬行时，肘膝异侧同步向前移动。

训练目标：增强肩部力量。

（4）手脚着地爬（猴子爬）。

动作要领：手脚撑地，膝盖稍弯曲，头抬起。一般采用异侧手脚同步动作，也可采用同侧手脚同步动作来提高难度。

训练目标：锻炼四肢及躯干部位的肌肉力量和肌肉耐力。

（5）匍匐爬。

动作要领：身体正面匍匐于地面，双臂屈于胸前，前臂支撑起上体，抬头。

训练目标：提高上下肢协调能力，增强肩、背、腰部力量。

（6）仰身爬（螃蟹爬）。

动作要领：头朝向终点，仰面朝上，双手及双脚着地，指尖朝侧前方，双膝弯曲，仰撑于地面，臀部不着地。

训练目标：提高腹背部力量及协调能力、平衡能力。

（7）多人协同爬。

动作要领：前面的幼儿跪于地面，双手支撑于体前，两踝关节绷直，后面的幼儿两手分别握于前面幼儿的踝关节处，协同向前。

训练目标：提高合作能力及动作的协调性。

（二）走

1. 走的动作发展阶段及其特征

走是人体最基本、最自然的一种运动方式，也是人类最基本的生活技能和运动技能，是一种有氧运动（如图2-10所示）。

图 2-10　幼儿走的游戏

幼儿走的动作随着年龄的增长逐渐成熟，从不协调、不自如、缺乏节奏感、不会调整、不会跨越障碍，到逐步趋于成熟。走的动作发展阶段及其特征如下：

第一阶段（0～1岁）

幼儿为了维持独立行走中的身体平衡，其行走步态有以下特点：步频快而步幅小，脚趾向外张开、全脚掌着地，手臂抬到较高的位置摆动，行走中两腿的分开程度很大。

第二阶段（2～3岁）

较少有明显的肌肉紧张表现，行进更平稳。下肢表现为，两腿之间分开的距离与两肩同宽。大步行走时，每条腿的运动及步长的一致性都有所增加。

第三阶段（4～5岁）

出现成熟的运动模式，腿部动作连贯，每步只有轻微的颠簸。步幅稳定，平衡能力较好，上下肢配合也较协调，有了初步的节奏感。

第四阶段（6～7岁）

行走模式有节奏而且流畅，保持一定的步幅，手臂和腿随着身体的扭动在两侧有规律地摆动。上下肢动作较协调，走路有节奏感，轻松自然，平稳有力，已初步形成个人走步的姿态，可以步行一定的路程。

2. 开展走的活动的注意事项

幼儿走的动作形式丰富多样，有自然走、侧身走、侧滑步走、前滑步走、交叉步走、高抬腿走、踏步走、踮脚走（前脚掌走）、屈膝走、跨过低矮障碍物走、高举手臂走、窄道走等。教师开展走的活动首先需关注幼儿走的经验获得的方式，这类走的动作包括自然走、踮脚走、屈膝走、跨过低矮障碍物走、窄道走等。其次教师要充分创设环境，鼓励幼儿自主获得相关经验，这类走的动作包括踏步走、正步走、前滑步走、侧滑步走等。开展走的活动时，教师要关注幼儿走的步态，指导幼儿形成正确的走的姿势。

3. 走的动作要领及训练目标

（1）自然走。

动作要领：头正，躯干正直，脚尖正，自然挺胸，两眼平视，两臂放松以肩为轴适度地前后自然摆动，朝正前方抬腿，双脚落地轻柔，节奏合理稳定，步幅适中，步频适度。

训练目标：发展幼儿的身体形态、协调能力、平衡能力及下肢力量。

（2）踏步走。

动作要领：保持身体直立，眼睛平视前方，全身放松，两臂适度地前后摆动，高抬大腿，脚掌离开地面，大腿带动小腿踏步前进。

训练目标：形成身体端正直立的形态，增强下肢力量及动作的节奏感。

（3）踮脚走（前脚掌走）。

动作要领：身体保持正直，两膝伸直，用两脚的前脚掌着地，髋关节屈伸，两臂前后交替摆动，不断向前行进。

训练目标：发展踝关节持续力量及身体的控制能力、平衡能力。

（4）屈膝走。

①半蹲走。

动作要领：身体呈半蹲姿势，正面向前行进。半蹲动作可以采用稍屈膝的动作，也可以采用深屈膝的动作。躯干动作可以是直立或前倾。

训练目标：发展大腿肌肉力量及身体的协调能力。

②全蹲走。

动作要领：身体呈全蹲姿势，正面向前行进。身体全蹲后，双手抓住脚踝，两脚交替行进。

训练目标：发展大腿肌肉力量及身体的协调能力。

（5）脚跟走。

动作要领：身体前倾，髋关节及膝关节稍弯曲，脚跟着地，前脚掌始终抬起，双手放于体前。

训练目标：发展大腿肌肉力量及身体的控制能力。

（6）侧身并步走。

动作要领：身体侧向前进方向，一腿侧出，另一腿紧跟快速并拢。如此反复，侧向移动。

训练目标：提高动作的协调性、灵敏性及快速反应能力。

（7）前滑步走。

动作要领：一只脚向前迈步，另一只脚紧跟其后而不超过；两脚有短暂离地过程，两臂弯曲并积极向前上方摆动。如此反复，移动身体。

训练目标：提高动作的协调性、灵敏性等。

（8）交叉步走。

①正交叉步走。

动作要领：身体自然正直，在向前行进过程中每一步两腿都呈交叉状向前行进。

训练目标：锻炼髋关节灵活性，提高平衡能力及协调能力。

②侧交叉步走。

动作要领：身体侧向前进方向。方法一为后侧脚向前交叉于前侧脚前，前侧脚再侧向开立，如此反复不断侧向向前行进；方法二为后侧脚向后交叉于前侧脚，前侧脚再侧向开立，如此反复不断侧向向前行进；方法三为前两种方法的结合，即一次向前交叉，一次向后交叉，如此反复交替，向前行进。

训练目标：锻炼髋关节灵活性，提高协调能力、平衡能力及大腿肌肉外侧拉伸力。

（9）迈大步走。

动作要领：上身挺直，前腿尽可能地向前迈出一大步，屈膝；后腿用力挺直，脚前掌着地；换后腿向前跨一大步走。如此反复。

训练目标：锻炼大腿力量及节奏感。

（10）弓步走。

动作要领：双腿分开与肩同宽，单脚向前迈一大步，后背挺直，脚跟先着地，膝部不得超过脚尖，大腿与小腿保持90°弯曲，重心在弯曲的这条腿上，后腿伸直，然后慢慢抬高膝盖，一边前进，一边恢复至直立的姿势。双腿依次进行。

训练目标：锻炼大腿肌肉、臀部肌肉力量，发展平衡能力、协调能力。

（三）跑

1. 跑的动作发展阶段及其特征

跑是单脚支撑和腾空交替、腿部蹬摆相结合的人体位移速度较快的一种运动方式，也是日常生活中最基本的活动技能。幼儿经常参加跑的运动，可以锻炼下肢部位的肌肉、骨骼、关节和韧带，增强腿部的肌肉力量，提高身体的平衡能力和协调能力、速度和灵敏性、肌肉耐力和心肺耐力，同时促进时间知觉与空间知觉的发展（如图2-11所示）。

图2-11　幼儿跑的游戏

幼儿时期跑的动作发展较快，随着年龄的增长，幼儿出现跑时腾空时间较长、步幅较大、四肢协调的动作特征，并且可以在跑动中做出转身、停、躲闪等动作。跑的动作发展阶段及其特征如下：

第一阶段（2～3岁）

跑步时已有明显的腾空阶段，以小碎步跑为主，缺乏节律，步幅小且不均匀，动作缺乏节奏感，脚步沉重，方向掌握不好，脚离地面动作差，落地时往往是全脚掌着地，两手臂不能自然配合脚的动作来摆动。

第二阶段（4～5岁）

上下肢已能较协调地配合，脚蹬地明显，跑步自然轻松，但步幅仍然较小。

第三阶段（6～7岁）

肘关节弯曲跑步自然轻松，步幅均匀，有一定的节奏感，动作较协调，腾空阶段较为明显，控制跑的方向感与能力有明显提高，在跑中转身、停、躲闪都比较灵活。

2. 开展跑的活动的注意事项

（1）关注安全。首先，要关注跑的场地，为幼儿提供平坦开阔、地面有一定弹性的场地，尽量避免质地很硬的场地。其次，要关注跑的时间和强度，避免幼儿过于疲劳。再次，运动前要指导幼儿做准备动作，尤其要锻炼下肢的肌肉、关节和韧带，以防幼儿拉伤、扭伤。

（2）指导应遵循规律。在指导幼儿形成正确动作技能时，应遵循幼儿动作发展规律、针对幼儿动作发展特征，展开有针对性的指导。建议对3～4岁幼儿，应着重指导其练习手臂摆动的动作、锻炼下肢的肌肉力量与身体的平衡能力；对4～5岁幼儿，应重点指导其练习用前脚掌着地与蹬地的动作等；对5～6岁幼儿，应重点指导跑的动作的全身协调等。

（3）内容宜丰富多样。可通过跑的路线变化，如原地跑、直线跑、曲线跑等，变换跑的形式；可通过跑的方向变化，如向前（后）跑、向左（右）跑、侧身跑、往返跑等，变换跑的形式；可通过场地变化，如平面、斜面，以及有一定高度等场地的上坡跑、下坡跑、水平面跑等，变换跑的形式；可通过跑的节奏变化，如慢跑、快跑、中速跑、变速跑、走跑交替等，变换跑的形式；可通过跑的动作变化，如后踢腿跑、高抬腿跑、小步跑等，变换跑的形式。

3. 跑的动作要领及训练目标

（1）直线跑。

动作要领：上体正直、稍向前倾，眼看前方；两肩肌肉放松，两臂屈置于体侧，以肩为轴，两手臂前后自然摆动；两腿交替向前迈步，抬腿适度方向正，步幅大小适宜，两脚脚尖朝前，落地轻、平稳，后腿用力蹬地；上下肢动作协调；用鼻子呼吸，或用鼻子吸气、嘴巴和鼻子呼气。

训练目标：增强下肢力量，提高身体的平衡能力、协调能力。

（2）曲线跑（Z线跑、S线跑）。

动作要领：身体重心向内侧倾斜，跑动弧度可由大变小或由小变大。曲线跑可在圆圈上进行，也可在折线、S线的路线上进行，不宜过分强调动作。

训练目标：锻炼灵敏性和平衡能力。

（3）往返跑。

动作要领：根据两个标志物，从其中一个标志物（起点）开始，按照要求跑一定距离至另一个标志物（终点）处，用手或用脚碰倒标志物后立即转身（无须绕过标志物）跑回起点。

训练目标：锻炼对速度的控制能力、加速能力和灵敏性。

（4）高抬腿跑。

动作要领：上体保持正直，两臂前后摆动，膝关节尽可能抬高，使大腿部位呈水平状态。

训练目标：发展腹部、腿部力量和蹬地能力。

（四）跳

1. 跳的动作发展阶段及其特征

跳跃是一种身体弹射技能，是由单脚或者双脚起跳，使身体腾起一定的高度和远度，然后经单脚或者双脚落地缓冲的运动技能。跳跃是生活中重要的基本动作之一。幼儿时期是跳跃动作发展的重要时期。幼儿多参与跳跃活动，可以发展腿部力量、弹跳能力、下肢爆发力、全身协调性与灵敏性，以及视觉运动能力（如图2-12所示）。

图 2-12　幼儿跳的游戏

跳的动作发展趋势为：从高处往下跳→往上跳→往前跳→跳跃过物体。跳的动作发展阶段及其特征如下：

第一阶段（2～3岁）

动作的协调性还没有得到必要的发展，缺乏平衡能力，缺乏支持运动器官的成熟水平；能够掌握向不同方向的双脚跳和跨跳，但是单脚跳比较困难。

第二阶段（4～5岁）

双脚同时起跳的能力进一步增强，有蹬地意识，会向前跳和纵向跳，基本会移动身体的重心；跳跃的距离、高度和连续跳的持续时间增加很多。

第三阶段（6～7岁）

掌握立定跳远、跳皮筋、跳绳等复杂的跳跃技能，动作表现出较好的协调性和节奏性。

2. 开展跳的活动的注意事项

（1）内容丰富多样。例如，小班幼儿可选择双脚纵跳、双脚向前行进跳等；中班幼儿可选择单脚跳、双脚交替跳、开合跳、双脚行进跳、跳过障碍等；大班幼儿可选择单脚跳、双脚行进跳、跳过障碍、变向跳、转身跳、跳绳等。

（2）关注动作特征。例如，幼儿双脚行进跳时，教师重点关注落地、缓冲和再次蹬伸的动作环节以及整个动作的协调性与节奏感；幼儿单脚跳时，教师重点关注支撑腿能否保持平衡，支撑腿在起跳时是否伸展、落地时是否弯曲，摆动腿在跳的过程中是否前后摆动，手臂是否与摆动腿方向相反，身体是否前倾等。

（3）保障运动安全。跳跃是一种身体弹射技能，为使幼儿安全落地，应为幼儿提供适宜的活动场地，避免在坚硬的地面或不平坦的地面上跳跃，以免伤害幼儿的身体；可以充分利用各种场地，如铺垫子的水泥地、沙坑等，安全开展跳跃活动。

3. 跳的动作要领及训练目标

（1）原地向上纵跳。

动作要领：

①预备：双膝弯曲手臂后摆，上体稍微向前倾。

②起跳：手臂结合腿部的跳跃由身后向上摆动，向上跳起，腿部蹬直。

③腾空：身体空中伸展。

④落地：前脚掌先着地，屈膝缓冲，落地后上体稍向前倾。

训练目标：锻炼腿部肌肉力量，发展爆发力和弹跳力。

（2）立定跳远。

动作要领：

①预备：膝盖蹲屈，手臂向后摆动。

②起跳：手臂用力向前上方摆动，腿部向前上方用力蹬地，身体向前上方伸展，前倾角度为45°左右。

③腾空：手臂向下、向后摆动，屈腹，腿由后向前摆动。

④落地：脚后跟触地、缓冲，手臂由后向前摆动，促使身体前移。

训练目标：提高弹跳力、下肢爆发力，发展协调性、耐力。

（3）双脚向前行进跳。

动作要领：

①预备：腿稍屈曲，臂垂于腿前或者弯曲置于体侧。

②起跳：蹬腿，使身体向前跳出。

③腾空：臂向前上方摆动，腿向前上方快速移动，同时保持膝关节弯曲。

④落地：前脚掌先着地，稍屈腿。动作轻，手臂自然后摆。

⑤动作连贯地向前跳。

训练目标：锻炼腿部肌肉力量，发展爆发力、弹跳力、协调能力及节奏感。

（4）单脚跳。

动作要领：单腿支撑，上体稍侧向支撑腿，支撑腿通过髋、膝、踝关节的屈伸，完成向前起跳、腾空、落地的动作；摆动腿随身体的向前移动积极做前后摆动，摆动腿动作方向与手臂动作方向相反。

训练目标：锻炼腿部肌肉力量，提高肌肉耐力以及平衡能力、协调能力。

（5）助跑跨跳。

垂直高度（高度）动作要领：

①预备：助跑。

②起跳：起跳脚用力蹬地，起跳角度较大，摆动腿快速向上摆动。

③腾空：两腿腾空，保持身体平衡。

④落地：向前跑几步缓冲，保持身体平衡。

水平宽度（远度）动作要领：

①预备：助跑中速，短跑，自然放松。

②起跳：起跳脚用力蹬地，摆动腿摆起，且摆动幅度大。

③腾空：保持平衡，可能伴有腾跃过程。

④落地：向前跑几步缓冲。

训练目标：提高动作的灵敏性、下肢爆发力和协调性，提高调节步幅的能力。

（6）跳马。

动作要领：

①预备：有节奏地助跑，上板（起跳点）步子小、离地低、速度快。

②起跳：双脚同时用力蹬地，摆臂展体；腾空跳起后双手撑在鞍马（跳箱）面上，上体前倾，同时两腿左右分开。

③落地：两腿并拢，屈膝缓冲，上体稍前倾，两臂前举帮助保持平衡。

训练目标：提高弹跳力以及身体的灵敏性、协调性。

（7）跳短绳。

动作要领：双手握绳，身体直立，肩膀自然放松，眼看前方；手摇绳时上臂贴近身体两侧，前臂向身体中间；绳子打地时起跳，摇绳与跳协调进行；跳绳过程中膝关节微微弯曲，落地时前脚掌着地。

训练目标：发展协调性、视觉运动能力，增强上下肢肌肉力量和耐力。

四、粗大动作发展的支持策略

（一）提供多样化的环境和运动设备

1. 园内资源

（1）园内户外资源。良好运动场的基本前提是保证运动的安全。在器材设计方面，幼儿的身体粗大动作冲击力大，游戏器材的设计应重视安全耐用。动态性的器材（如秋千、吊环等）应在进出活动方向保留适当的安全距离以避免危险。静态性的器材（如滑梯、肋木、云梯、爬竿等）可在其下设置沙坑、草坪或者塑胶软垫等。

教师可以利用幼儿园狭长空间和不同场地进行走跑活动，例如走廊、石子路、小桥、草地、水泥场地、石阶、路沿、树林、山坡等；也可以对闲置空间进行改造，例如在树木之间设计路线或者迷宫进行走、跑、跳活动。

教师可以在塑胶场地、地板、草地等不同场地，利用大型攀爬器械、楼梯以及供幼儿建造建筑物的大型积木（例如梯子、木板等）进行钻爬活动。

教师可以让幼儿在平坦的草地、地毯、地板上爬，也可以在平衡木、攀爬架和平梯上爬，爬行的道可直、可曲、可圆、可宽、可窄。

（2）园内室内资源。因天气恶劣或者活动场地被占，只能在教室、走廊或其他较小的空间进行粗大运动时，可以采用以下方法：

一是可以将桌椅和其他物品移开，在教室中间开辟出空间；利用桌子、椅子、平衡板、垫子等，进行走、跑、跳、钻、爬等活动。利用室内场地运动时，强调安全提示，注意周围是否有尖角和易碎物品、地面是否湿滑等。

二是尝试调整教育内容。例如，可以利用走廊、教室等长距离空间开展室内走跑活动，也可以开展原地跳绳、节奏跳、跳格子、钻爬，或根据音乐变化变换身体粗大动作的运动方式（模仿动物走、脚尖走）等。

三是利用走廊和楼梯等作为活动场所。例如，可以利用楼梯进行上下楼梯的走、跑练习。

2. 园外资源

教师可以利用社区、附近公园等场所开展粗大动作运动活动。社区中大量隐藏着可以被利用开展身体移动的资源，如台阶、楼梯、鹅卵石小路、路沿、草坪、大树、彩色地砖等，可以让幼儿练习跳、双脚攀登、赤足走、平衡、摸高、绕障碍跑等。这些隐形的体育资源可以说是无处不有。

（二）提供多种学习机会

1. 给予充分的活动机会

幼儿粗大动作练习活动可以与早操活动、户外活动、专门的集体教学活动、室内活动、午后锻炼活动等各类体育活动形式相结合，所以活动的开展并非一定要在某个固定时间进行，教师可以充分利用幼儿园一日活动的各环节进行动作练习。

2. 给予多样的活动形式

不同年龄段的幼儿需要重复的次数是不一样，年龄越小的幼儿需要越多的重复。重复并非单一的，而是变化性重复，即相同的学习目标以"不同的表现形式"重复出现。教师需要注重节律，动静结合，急缓交替，用丰富多样的方式激发幼儿参与练习的兴趣。

3. 给予多样的组织形式

幼儿园活动的一般组织形式包括集体活动、小组活动和个别活动。教师可以选择性地采用不同的组织形式，无论是集体的、小组的还是个别化的活动都有其优势和不足，教师应在充分了解的基础上有目的地选择，也可在一次活动中将三种不同的组织形式整合利用，以凸显它们的特点，充分发挥不同组织形式的优势。

4. 给予适切的活动内容

（1）活动内容有层次。根据不同年龄段幼儿粗大动作的发展特征来设计活动，要逐步递进、由浅入深，由简单到复杂，由身体控制平衡能力发展到移动能力再到对器械的操控能力，做到层次清晰（如图2-13和图2-14所示）。

图2-13　幼儿跨跳障碍赛游戏　　　　图2-14　幼儿障碍跑游戏

（2）活动内容有扩展。结合幼儿粗大动作发展规律，遵循全面发展，兼顾上下肢以及躯干等身体部位的锻炼，以游戏为主要活动形式开展。让幼儿在摸索中发现活动的多种可能性，同时也利于大脑左、右半球得到相应的刺激，拓展多种潜能的发展。例如球类运动可以拍球，也可以踢球，或者用身体躯干撞击球、左右手混合拍球等（如图2-15和图2-16所示）。

图 2-15　幼儿踢球游戏　　　　　图 2-16　幼儿体能综合游戏

5. 给予适当的指导方法

教师为特定的操作性动作的练习提供适当的提示，给予正确的讲解示范。例如投掷，有转腰、转身体轴关节的动作要领。鼓励幼儿利用不同材料、在不同方向进行自主探索，运用各种身体动作创作出各种玩法，甚至能在单个器械或动作上发挥想象力加以组合，形成新的玩法。

学以致用

情境导入中，点点的动作发展明显属于幼儿粗大动作中的爬行动作。俗语称"二抬四翻六会坐，七滚八爬周会走"，一般幼儿到了9~11个月，开始学会肚子离地，用手及膝盖异侧手脚交错地爬行移动，爬行到有边缘物体挡住时，有想扶着物体站起来的欲望。从年龄上看，点点的动作发展属于正常范围。每个幼儿的身心条件与成长环境不同，发展速度也不同。针对点点这样的情况，可以适当进行爬行动作训练。例如，经常让他俯卧，在前面放个玩具逗引他，使他有向前爬的意识；也可以在他爬行时，用手掌抵住他脚掌，促使他的脚向后用力蹬，帮助他不断向前移动。

 ## 活动案例

案例一：切西瓜游戏（5~6岁）

核心动作：曲线跑。

活动目标：尝试身体一侧向弯道内侧倾斜快跑，提高平衡能力。

活动准备：在宽敞平坦的场地上画一个直径15米的圆圈。

活动过程：

1.游戏名称及玩法

教师：今天我们来玩"切西瓜"游戏。你们要听清游戏玩法，再想一想：沿着圆圈跑和平时的直线跑有什么不一样？怎样才能跑得快？

游戏玩法：幼儿手拉手围坐在圆圈上，形成一个"大西瓜"，在组内选出一名幼儿作为"切西瓜"的人。游戏开始，"切西瓜"的幼儿在圆圈内沿逆时针方向跑动，边跑边唱歌谣"切，切，切西瓜，一个西瓜切两半"，当说到最后一个字"半"时，手掌就"切"向两个相邻幼儿手拉手的握手部位。此时被"切"到的两个幼儿，迅速沿圆圈外沿向相反方向跑。"切西瓜"的幼儿则迅速站到离开的两个幼儿的其中一个位置上。被"切"的两个幼儿需沿着圆圈跑一周，先跑完者成为新的"切西瓜"的人，后跑完者站到圆圈上剩余的那个位置上（如图2-17所示）。

图2-17　幼儿跑的综合游戏

2.指导要点

（1）幼儿身体是否有意识地向圆圈中心倾斜。

（2）幼儿跑的路径是直线还是弧线。

（3）幼儿跑步姿势如何，重心在什么位置。

3.幼儿可能出现的表现

（1）能沿着圆圈外沿跑动。

（2）身体保持正直，不能沿着圆圈外沿跑动，甚至跑离圆圈外一定的距离。

（3）跑动脚步迈不大，速度受影响。

（4）重心不稳，易摔跤。

4.支持性策略

（1）调整圆圈的大小，增大曲线跑的弧度。

（2）提供有一定宽度、角度为5°～30°的斜坡，组织幼儿练习斜坡横向跑。

5.注意事项

（1）游戏以10～12人一组为宜，避免幼儿等待太久。

（2）提醒没跑动的幼儿站在圆圈上不动，以免碰撞。

案例二：寻宝游戏（5～6岁）

游戏介绍："寻宝"创意缘于幼儿追捧的热点，以寻宝作为线索可以激发幼儿运动的兴趣。寻宝的地点就是幼儿园大班楼的四层教学楼，楼两旁各有一条楼梯，完成寻宝任务必须经历从一楼到四楼的攀登。寻宝设计以幼儿参与定向活动的经验为基础，配置自制地图，地图包括一至四楼楼层设置以及每个教室的方位，专用教室中宝贝（运动器材）的标注等信息。一至四楼各有一件宝贝，是根据相应年龄段幼儿应该掌握的运动能力进行选择的，包括皮球、跳绳、毽子等。

寻宝任务：首先，寻宝的设置由易到难，在每个楼层摆放的运动材料是从显性到隐形的，逐步挑战幼儿的发现能力；其次，找到宝贝只是完成任务的第一步；最后，要用好宝贝，如找到皮球后要拍上10个，找到跳绳后要完成规定次数的跳跃等，才能获得肯定，贴上一枚标志成功的贴纸。

活动分析：整个活动的路程是根据《指南》里大班幼儿能步行1.5千米的要求设置的，登高和下楼路线各有400米，平地行走路线有700米左右，活动达到了一定的运动量。在登高走和平地行走的过程中，幼儿的腿部能力得到了锻炼，幼儿通过玩各种运动材料，巩固发展了拍球、跳跃等基本动作。幼儿对此活动充满了极大的兴趣，意犹未尽，于是我们形成了寻宝系列活动。在第二次寻宝活动中，我们设计了不同线路的地图——A线路和B线路，也就是打乱楼层的顺序让幼儿上楼、下楼来回寻宝，不仅发展了幼儿的体能，还提高了幼儿的方位知觉。在第三次的寻宝活动中，我们不仅设计了两条不同的线路，而且调整了每个教室的运动材料，如呼啦圈、拉力球、跳跳球等，提高了运动难度，从而发展幼儿的综合运动能力。

案例视频：《好玩的平衡木》

任务三 幼儿早期精细动作发展与学习支持

情境导入

豆豆妈妈经常抱怨孩子是个左撇子，虽然大家都说左撇子聪明，可是一上幼儿园就发现豆豆和班级里其他小朋友相比有很多不适应的地方。马上就要用手画画、写字了，是否应该要求孩子改用右手呢？万一将来写字写得不好，比别人写得慢怎么办？

知识锦囊

一、精细动作的概念

精细动作指由小型肌肉或者肌肉群运动而产生的动作，手部的精细动作主要是指个体手部小肌肉或小肌肉群的运动，是视觉感知协调、手眼协调和精细肌肉共同发展的结果。精细动作主要集中在两个方面：一是集中于手部的动作，主要包括抓握、手眼协调、手指对捏、搭积木、握笔、翻书、穿扣、折纸、绘画、穿串、揉捏、拼插等。二是指手眼协调、记忆、知觉等多领域参与的一种协调性动作（如图2-18所示）。

图2-18　幼儿精细动作

二、精细动作发展顺序

（一）1~3月龄上肢联动阶段

幼儿握持反射明显，用手指触碰手掌，会握紧拳头；将拨浪鼓柄放入手掌中，能握住数秒；仰卧时能将双手在胸前中线位握在一起。

（二）4~6月龄手掌动作为主阶段

幼儿能抓握拨浪鼓手柄、注视并主动摇动几下；主动抓物，主要用手掌尺侧主动抓取近处物品；能用手掌桡侧一把抓住较大的物体，可把弄、抓起一块积木。

（三）7~9月龄手指动作为主阶段

在摆弄一块积木的同时，幼儿会拿取前面的第二块积木；开始用拇指和其他手指捏取较小的物体；能用食指和拇指对捏小的物体，能对敲积木。

（四）10~12月龄手眼协调初级阶段

幼儿能握住线或绳拉动所牵引的玩具；在示范下，能推动小玩具车行进；自己会把小豆子放入杯子等容器中。

（五）13~24月龄手眼协调熟练阶段

幼儿能用拳握笔乱涂，即全掌握持画笔在纸上乱涂乱画；搭积木，能搭2层；能搭积木3~4层；能搭积木5~6层，并翻书1~2页；能搭积木7~8层；一次能翻书3~4页。

（六）25~36月龄手眼协调高级阶段

幼儿模仿画竖线，能画出2~3厘米以上的竖线；经示范，能较熟练地穿起3个以上的珠子；能模仿画圆形，直至画出圆形，且没有明显棱角；能模仿将纸张进行对折，纸边相对整齐。

（七）37~48月龄自理能力及视动协调初级阶段

幼儿能照着画出简单的线，类似于斜杠、圆形和X形；能用各个手指的指尖去碰触大拇指；能给涂色纸涂色，涂出界外不超过1/4；能用剪刀剪出一个大圆；能正确地使用叉子；能完成4~5块的拼图；能自己穿脱衣服；形成右手或左手偏好。

（八）49~60月龄自理能力及视动协调熟练阶段

幼儿能正确握笔；可以描出字母或自己的名字；可以画三角形；可以剪小圆形；能轻松用钥匙开锁；如果有参照物，可以画出四边形；能画出至少有六个身体部分的人物形象；能自己系带。

（九）61~72月龄自理能力及视动协调熟练阶段

幼儿能写出自己的名字；能用积木搭建一些建筑，能玩16~20块的拼图；能用刀叉吃东

西或熟练地使用筷子；能非常好地使用剪刀，不会剪出界外；可以描三个以上的字，能描出0~9所有的数字，能描出所有的大小写字母。

三、精细动作发展特征与教育意义

（一）抓握

1. 抓握动作发展的阶段特征

抓握动作是控制实物的第一步（如图2-19所示）。幼儿抓握动作的发展可以分为以下三个阶段：抓握的反射阶段，成功抓握阶段和熟练掌握阶段。幼儿从出生开始便尝试着发展伸够水平。9~12个月，达到熟练的伸够水平，动作变得更精确。在12~36个月达到熟练抓握。1岁幼儿已经能够成功地伸手触够和抓握视线中出现的玩具和食物。2~3岁幼儿可以把铅笔握在手中，手成拳状，会模仿画直线和圆圈。

图2-19　幼儿的抓握动作

抓握动作对幼儿日后在日常生活自理能力的发展影响深远。其阶段特征如下：

阶段一（12~22周）

前伸够阶段：动作发展很快，轨迹呈抛物线，动作不精确，常常不能成功接近目标，没有抓握动作。

全手掌式抓握阶段（婴儿早期）：主要抓握手掌，大拇指和其他手指。

阶段二（4~7个月）

成功伸够阶段：可以拿到物体，但伸够动作不流畅，动作轨迹呈锯齿状。能抓住物品，但抓握动作和手臂伸够动作不能整合。手先动接近物品，然后张开手抓握物体。

拇指对掌式抓握阶段（6个月以后）：能四指与拇指相对，有捏取动作。

阶段三（9个月以后）

熟练伸够阶段：动作更加精确，手臂轨迹更加流畅，协调地伸手和抓握。

钳捏式抓握阶段（1岁左右）：能食指与拇指相对，能拇指配合捏取动作。

2. 抓握动作发展的训练目标

（1）抓握动作是个体最初的和最基本的精细动作，是各种复杂的工具性动作发展的基础。

（2）通过手指的锻炼，幼儿逐渐形成自己运用手指拿住物品的能力。手指相关功能的发育，能在大脑的相关区域中建立起联系，对于智力发育有益。

（3）幼儿在摆弄、抓握物品和玩具时，加强了触摸感觉和视觉的联系，促进了大脑的发育，对于更有效地认识物品也有益处。

（4）在抓握的基础上，幼儿发展翻书、写字、绘画及生活自理等动作技巧。手部动作的获得和发展扩大了幼儿获得环境信息的途径，丰富了幼儿探索环境的形式，使幼儿的探索行为更为主动和有效。

（二）操作

1. 操作动作发展的阶段特征

操作动作需要具备将视觉与身体动作相协调的能力，即视、动协调，需要将视觉和肌肉运动这两种知觉与控制协调身体动作的能力结合起来。使用工具的动作中既有使用绘画学习工具的动作，也有使用生活类工具的动作。其阶段特征如下：

阶段一：初级阶段（1～2岁）

绘画书写涂鸦期：能做出一些随机或重复动作，画出类似圆形或重复直线。

生活自理能力：大多数的个人生活能力、技能都需要帮助，尚未或者很少显示出对于生活自理的兴趣。

阶段二：中级阶段（3～4岁）

绘画书写组合期：尝试画出基本几何图形，用螺旋线、圆形、正方形、长方形、三角形及图形组合。

生活自理能力：能够自己完成一些生活自理的任务或内容，例如自己穿上衣服，但是在穿鞋子时寻求帮助；观察和模仿其他幼儿的生活自理行为。

阶段三：中级阶段（4～5岁）

绘画书写整合期：可画更复杂的图形，组合至少3种不同的图形。

生活自理能力：能够完成大多数的生活自理内容，例如自己穿外套、穿鞋子、戴帽子、戴手套，不需要或者很少需要帮助（如图2-20所示）。

图2-20　幼儿扣扣子

阶段四：高级阶段（5～6岁）

绘画书写绘画期：能绘画更加准确和复杂的图形，开始用笔表现自己的生活世界，如人物、动物，房屋等（如图2-21所示）。

生活自理能力：帮助其他同伴进行生活自理，耐心学习和掌握新的生活自理技能。

图2-21　幼儿执笔绘画

2. 操作动作发展的教育意义

（1）使用绘画类工具的动作发展教育意义。幼儿在3岁左右就可以用笔照着涂写简单的线条、图形，到4岁左右时能照着画出更为复杂的圆形和X型，到5岁左右就能画出至少有6个身体部分的人物形象，6岁左右就能写出自己的名字，说明手部精细动作的发展是迅速的，并且是按照由简单到复杂和过程逐渐发展的（如图2-22所示）。幼儿通过感知觉、触觉等与外部世界进行信息交换，手是幼儿认识事物的重要途径，不但反映了精细动作发展水平而且反映了心智发展水平。

图 2-22　幼儿使用绘画类工具

（2）使用生活类工具的动作发展教育意义。使用生活类工具的动作包括使用勺子，拧紧或拧开瓶盖，倒水不会溅出来，拉合拉链，解扣纽扣，粘魔术贴，使用筷子等（如图2-23所示）。勺子通常是幼儿使用的第一个工具。幼儿1岁时，能够以多种方式来玩儿勺子，例如，从一只手放入另一只手，或者偶尔放进嘴里。1～2岁时，幼儿开始自己吃饭，这时候最普遍的抓握动作就是手掌抓握，使用生活类工具的动作发展较之前有了较明显的进步。2.5～3岁的幼儿开始尝试手部旋转、扣纽扣、盖盖子等动作。3～5岁幼儿开始练习手眼协调能力，手臂逐渐变得有力量。例如在水壶不重的情况下，3岁幼儿需要双手倒水，4～5岁幼儿用单手就可以了。5～6岁的幼儿，随着年龄的增长，他们开始使用多种工具和进行更为复杂的动作。精确的手眼协调能力也逐步发展起来，生活自理动作逐渐成熟。使用生活类工具的动作发展促进了幼儿双手协调能力的发展，认知和语言、注意力及社会心理诸多能力的发展。

图 2-23　幼儿使用生活类工具动作

四、精细动作发展的支持策略

（一）提供具有支持性的环境

（1）提供与幼儿相适应的环境是对幼儿生活自理能力发展的有效支持。例如，洗手池的

高矮和肥皂的大小，毛巾的尺寸，喝水的水杯尺寸、接水处的高度，体育器材的易拿放等，都为幼儿养成生活自理能力提供了良好条件。

（2）营造一个整洁有序的环境是培养幼儿整理物品能力非常重要的因素。幼儿开始逐渐能够对物体的大小、形状以及上下、前后、左右、远近形成准确的空间概念，并能通过自身的运动来确定物体的空间位置关系。

（3）将幼儿园环境提示迁移到家庭中使用。根据每一个家庭的实际情况，让家庭的生活环境尽可能对培养幼儿良好生活习惯起到潜移默化的作用，尽可能地符合幼儿发展的需要，从而起到家园一致开展教育的作用。

（二）加强精细动作练习

加强精细动作练习是提高生活自理水平的有效方式。精细动作练习可以分成三类：手指练习、使用工具类的精细动作练习和双手协调动作练习。在游戏材料和任务的设计中应该遵循"针对性""循序渐进""灵活性"等原则，加强游戏性和趣味性，通过有针对性的、适宜的练习活动，提高幼儿精细动作水平。

1.手部小肌肉练习

手指的控制力、灵巧性、知觉以及协调性是精细动作能力的重要内容，为此，可以设计一系列内容丰富的游戏进行练习（如图2-24所示）。

图2-24 幼儿练习切、捣碎动作

（1）以练习手指控制力为主的活动：拧螺栓活动、绘图活动、鼠标活动、开锁活动。

（2）以练习手指灵巧性为主的活动：剪纸活动、折纸活动、筷子活动、打结活动、编织活动。

（3）以练习手指知觉为主的活动：玩沙活动、玩水活动、拼板活动、弹指活动。

（4）以练习手指协调性为主的活动：手指操活动、撕贴活动、筷子活动、拼装活动。

2. 使用工具类练习

这类练习偏重于发展手部肌肉的灵活性、准确性和有效性。在幼儿园区角中，按照由易到难原则，通过创设游戏情境，有层次地投放适合幼儿手部肌肉灵活性发展的材料（如图2-25所示）。

图 2-25　幼儿给植物浇水

①舀的游戏（使用勺子）：可以在区角投放"喂喂小动物"的玩具，如各种小动物的头饰盒，幼儿可根据自己的能力选择勺子来给小动物喂食，练习精细动作和小肌肉的灵活性。

②夹的游戏（使用筷子）：提供摩擦力较大的儿童筷和摩擦力较小的塑料筷、粗糙光滑程度不同的夹取物，例如用筷子训练夹物（大泡沫球材料、豆子）等游戏。

3. 双手协调练习

这类练习偏重于发展双手协调动作，包括以非优势手为主的活动和双手参与的活动。通过这类动作的练习，提高双手对称协调动作和双手不对称协调动作，有助于完成双手协调的自理任务（如图2-26所示）。

图 2-26　幼儿双手配合除草活动

（1）非优势手为主的活动。采用非优势手进行手部小肌肉、使用工具的精细动作等活动，例如让习惯右手的幼儿运用左手玩水、玩沙、涂色等。

（2）双手参与的活动。

①拔、扣、按、剥的游戏：可以准备布条或者按扣，让幼儿根据自己的喜好进行拉拉、扣扣、解解、玩玩的游戏，这类游戏有利于锻炼手的灵活性。

②折的游戏：可以通过折手帕等较软的东西，教幼儿折出边、角、纸船、扇子、花朵等，也可以练习折纸，这类游戏有利于锻炼双手协调动作。

③串、缝、编织的游戏：可以通过串珠子、纽扣、手链等让幼儿用线、塑料绳练习"串"的本领，这类游戏有利于锻炼手的灵活性。通过毛线、编织针进行"编一编""织一织"等区角游戏，可以练习双手对称协调的技能。

学以致用

"左撇子"是否要改呢？手的动作受大脑的支配。人的大脑由左右两个半球组成，两半球的支配作用又有不同分工。大脑的左半球支配右半身的活动，具有处理语言，进行想象思维、逻辑推理、数字运算及分析等功能；右半球支配左半身的活动，是处理总体形象、空间概念，鉴别几何图形，识别、记忆音乐旋律和进行模仿的中枢。一般情况下，左脑抽象思维功能较发达，右脑形象思维功能较发达。

人一般习惯用右手操作，但也有幼儿习惯用左手活动，并逐渐成为习惯，即人们常说的"左撇子"。成人如果发现幼儿使用左手，没有必要予以纠正，因为习惯用左手并不影响智力。如果幼儿左手活动频繁，就会促使右脑发达。所以理想的结果是幼儿左右手同时活动，从而促进大脑两半球的充分发展，使幼儿更聪明。

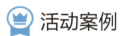 **活动案例**

筹子游戏（5～6岁）

活动目标：

（1）了解筹子的用途、特点和筹子文化。

（2）学习正确的用筹方法。

活动准备：

（1）和幼儿一起搜集各式各样的筹子。

（2）制作有关筹子的PPT。

（3）展示用扭扭棒制作的"菜"。

（4）筷子和盘子。

活动重点：认识各种筷子，初步学会使用筷子的方法。

活动难点：在游戏中提升使用筷子的技巧。

活动过程：

1.筷子的聚会

（1）今天老师邀请你们在美味餐厅用餐，请你们看看餐桌上有哪些餐具，每个小朋友面前有几双筷子？

（2）拿起你的筷子，看一看，摸一摸，你的筷子是什么样的？

（3）认识各种筷子。

木头筷子：结实、实用。

塑料筷子：颜色多样、漂亮。

不锈钢筷子：精致、光亮。

比较不锈钢筷子和防滑型筷子（有独特的造型）：哪里不一样？摸一摸，有什么感觉？

小结：筷子是我们中国人用来吃饭的餐具，它在长短、颜色、材料等方面有很多的不同。

2.我和筷子做游戏

（1）幼儿初次使用筷子。交流用筷子的经验，教授正确的用筷姿势。

（2）再次尝试用筷子。重点观察是否大部分幼儿已经掌握。

（3）我拿筷子跳一跳。听音乐，跟着音乐旋律，用筷子打节奏。

3.筷子用处多

观看PPT播放，了解生活中筷子的用途。

小结：筷子除了是吃饭的餐具，还可以是表演的道具、搅拌的工具、乐器，还可以用来建构，装饰筷子的本领真大呀！

活动建议：活动前期幼儿有一定的用筷子经验。活动中提供的筷子从颜色、材料、长短、造型上要丰富多样一些，方便幼儿进行比较。该活动融入了音乐元素，有助于培养幼儿的节奏感与肢体协调性。

支持性策略：此活动选择了幼儿精细动作发展中"夹"的游戏。提供筷子、泡沫、扭扭棒等不同材料，锻炼幼儿使用筷子的技能和精细动作的发展。针对不同能力水平幼儿的发展，教师可提供摩擦力较大的儿童筷和摩擦力较小的塑料筷、粗糙光滑程度不同的夹取物，如用筷子训练夹球形和条形物体，幼儿可根据自己动作水平选择不同夹取物进行游戏，体验游戏成功的乐趣，增强自信心。

新生儿无条件反射

（1）吸吮反射：奶头、手指或其他物体，如被子的边缘等，碰到了新生儿的脸，并未直接碰到他的嘴唇，新生儿会立即把头转向物体，张嘴做吃奶的动作，这种反射能使新生儿找到食物。

（2）眨眼反射：物体或气流刺激眼毛、眼皮或眼角时，新生儿会做出眨眼动作，这是一种防御性的本能，可以保护自己的眼睛。

（3）怀抱反射：当新生儿被抱起时，他会本能地紧紧靠贴成人。

（4）抓握反射：又称达尔文反射。物体触及手掌心，新生儿会立即把它紧紧抓住。这种反射4～5个月时消失。

（5）巴宾斯基反射：物体轻轻地触及新生儿的脚掌时，他会本能地竖起大脚趾，伸开小趾，5个脚趾形成扇形。这种反射在6个月左右时消失。

（6）惊跳反射：又称莫罗反射。以水平姿势抱住新生儿，如果将他的头一端向下移动，或朝着他大喊一声，他的双臂会先向两边伸展，然后向胸前合拢，做出拥抱姿势。这种反射从出生持续到6个月左右。

（7）击剑反射：又称强直性颈部反射。当新生儿仰卧时，把他的头转向一侧，他立即伸出该侧的手臂和腿，做出击剑姿势。这种反射在4个月时消失。

（8）迈步反射：又称行走反射。成人扶着新生儿的两腋，把他的脚放在其他平面上，他会做出迈步的动作，好像两腿协调地交替走路。这种反射在2个月时消失。

（9）游泳反射：让新生儿俯伏在小床上，托住他的肚子，他会抬头、伸腿，做出游泳的姿势，如果让婴儿俯伏在水里，他会本能地抬起头，同时做出协调的游泳动作。这种反射在6个月消失。

（10）巴布金反射：如果新生儿的一只手或双手的手掌被压住，他会转头张嘴，当手掌上的压力减轻时，他会打哈欠。

（11）蜷缩反射：当新生儿的脚背碰到平面的、类似楼梯的边缘时，他本能地做出像小猫那样的蜷缩动作。

（12）身体直向反射：转动新生儿的肩或腰部，新生儿身体的其余部分会朝着相同的方向转动。在初生到12个月的婴儿身上可见到这种反射，其机能是帮助婴儿控制身体姿势。

知识巩固

一、选择题

1. 按照牵引动作产生的肌肉类型，动作可以分为（　）与（　）。

A. 粗大动作、精细动作

B. 非条件反射动作、条件反射动作

C. 无意识动作、有意识动作

D. 生活动作、学习动作

2. 动作发展的规律不包括（　）。

A. 从上到下

B. 由远及近

C. 由粗到细

D. 由整体到分化

3. 幼儿骨的成分与性质特点是（　）。

A. 有机物多，弹性小

B. 有机物多，弹性大

C. 无机物多，弹性大

D. 无机物多，坚硬性小

4. 跳跃动作的发展趋势为：从高处往下跳→往上跳→往前跳→（　）。

A. 跳跃过物体

B. 往后跳

C. 往左跳

D. 往右跳

5. 以下哪一项不是操作动作在中级阶段应该具有的特征？（　）

A. 尝试画出基本几何图形

B. 能够完成生活自理任务

C. 观察和模仿其他幼儿的生活自理行为

D. 帮助其他同伴进行生活自理

二、简答题

1. 早期动作发展的支持策略有哪些？

2. 请简述运动系统的特点及支持策略。

3．乳牙的萌出有哪些规律？

4．粗大动作发展的顺序是什么？

5．请简述抓握动作发展的特征及教育意义。

三、案例分析

1．六六小朋友在幼儿园经常憋尿，开始感觉还有点着急，但憋着憋着就不想上厕所了。最近六六在家里总是不停地上厕所，一小时要去好几次，并且小便时经常因为疼痛而大哭。

思考：六六为什么会这样？我们应该怎样促进幼儿泌尿系统的发育？

2．1岁9个月的瑞瑞想把贴纸撕下来，但是没有成功，妈妈看见了就把贴纸撕下来递给了她。教师发现之后，提醒妈妈可以让瑞瑞自己撕，如果瑞瑞有困难，家长可以帮助她把贴纸掀起一角，便于瑞瑞自己操作，果然瑞瑞成功了。

在粘贴时，瑞瑞拿正面朝纸上贴，妈妈马上就把瑞瑞手上的贴纸拿下来贴在小猫旁边。教师告诉妈妈："瑞瑞年纪小，还不知道贴纸的特性，我们可以先让她用手指触摸有黏性的一面，再尝试操作。"最终瑞瑞可以独立把贴纸小动物贴在纸上了。

思考：教师的做法对吗？我们在培养幼儿精细动作时应该注意什么？

3．寻找一名3岁以下的幼儿，观察并记录他的动作片段，结合动作发展规律和顺序分析他的动作发展现状。

单元三　幼儿早期语言发展与学习支持

☑ 单元导读

　　幼儿阶段，是人语言能力发展的关键时期，有针对性的支持策略能够有效促进幼儿获得更快发展。本单元结合幼儿语言能力发展特点与生活情境，详细地阐述了在幼儿阶段的各个时期，幼儿语音、词汇、语法和口语等方面的发展特点，基于此，提出促进幼儿语言发展的有效支持策略。

◎ 学习目标

1.通过本单元学习，了解幼儿语言发展的基础特点及对身心发展的作用。

2.了解幼儿语言支持活动实施过程主要的指导要点。

3.厚植家国情怀，能以发展的眼光关注新时代幼儿语言能力的发展。

4.树立科学的语言观，正确的世界观、人生观和价值观。

5.通过对幼儿语言发展的学习，牢铸新时代教育观。

任务一　幼儿早期语言准备与学习支持

⬇ 情境导入

　　琪琪出生2个月的时候，每次刚睡醒时，就用眼睛寻找妈妈，当听到妈妈说话的声音，琪琪就会立刻转向妈妈，看着妈妈笑，时间久了，每次琪琪睡醒都要和妈妈玩这种"找妈妈"的游戏，晚上和下班回来的爸爸玩"找爸爸"的游戏。

　　在琪琪刚刚5个月的时候，有一天，爷爷奶奶兴奋地告诉邻居："我家孙子才5个月，就会说话了！"邻居半信半疑地说："真的吗？"爷爷激动地拉着邻居到家里一看究竟，只见琪

琪在奶奶的怀里发出"aba，aba，aba，ama"的声音。奶奶笑得合不拢嘴说："你听见了没，我们小琪琪在叫爸爸、妈妈呢！"

思考：琪琪5个月的时候在奶奶的怀里发出"aba，aba，aba，ama"的声音，这时候的"说话"有什么特点？如何支持幼儿语言准备的早期学习？

知识锦囊

《指南》关于幼儿语言学习与发展
的基本目标和教育建议

一、语言准备的概念

幼儿语言获得是一个动态的概念，需要发生和发展的过程。0～1岁是幼儿语言发展的准备期，又称为前语言阶段。关于语言准备的出现时期与阶段划分，专家学者们有不同的观点和见解。

幼儿从出生到1.5岁左右的语言学习，为正式的语言运用做好准备，这段时间内幼儿的各种语言学习现象通常被称为前语言现象。幼儿语言的准备期可分为语言产生和语言理解两个方面。

语言产生包括反射性发声阶段和咿呀学语阶段。语言理解包括语言知觉和语词理解的准备阶段。通俗地说，幼儿能够有意识地进行词汇和语言表达之前都称为前语言期。

前语言期的准备包括听辨能力和语音能力的准备。

二、幼儿早期语言准备的发展

（一）听辨能力的发展

1. 听觉的发展

听觉是听觉器官在声波的作用下产生的对声音特性的感觉。

（1）胎儿期。研究表明，幼儿的学习早在胎儿期已经产生。通过听觉和大脑刺激，蓄积语言表达的信号和信息，为后期的表达做了前期准备。

（2）新生儿及婴儿期。当新生儿受到强烈的听力刺激或听到熟悉的声音时，会自然产生抑制肌肉的活动，并试图用转头、眼珠转动、翻身等动作追随声源（如图3-1所示）。幼儿对语言产生的身体反应正是语言发展的初级阶段（如表3-1所示）。

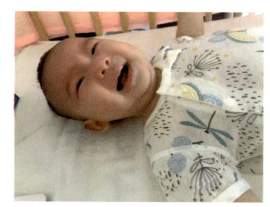

图 3-1　婴儿用微笑对他人的注视与说话做出回应

表 3-1　0 ~ 12 月龄婴儿的听觉发展的行为表现

年　龄	听觉发展的行为表现
刚刚出生	（1）能够被响亮的声音所唤醒，大脑产生反应； （2）听到噪声后做出哭泣或者反抗的行为； （3）口腔能够发出声音； （4）能够跟随环境中的声音转移目光
0 ~ 3 个月	（1）听到父母或熟悉的人说话能够转头倾听或变得安静； （2）用微笑对他人的注视与说话做出回应； （3）具有张开嘴巴模仿成人说话的能力； （4）能够对熟悉的声音进行识别； （5）喜欢重复自己的发声
4 ~ 6 个月	（1）能够注视环境中的声音（妈妈冲奶粉的声音、门铃声、电视的声音等）； （2）对能发出声音或音乐的玩具产生浓厚的兴趣； （3）出现咿呀学语的发音表达自己的需要； （4）能够理解"不"的含义； （5）能够感知说话人语音快、慢、高、低的变化
7 ~ 12 个月	（1）能够辨别出他人呼叫自己的名字； （2）主动、大量地模仿成人的语言； （3）主动发出声音吸引成人的关注和注意； （4）能够和熟悉的人玩简单的语音和字词游戏

2. 幼儿听觉的发展

（1）幼儿辨别声音细微差别的能力随着年龄的增长而不断提高。

（2）幼儿听觉感受性不断增强，听觉较成人更敏锐。

（3）幼儿听觉的个别差异很大，但这种差异随着年龄的增长而不断缩小。

（二）语音的发展

语音的发展包括简单发音、连续音节和学话萌芽三个阶段（如表3-2所示）。

表 3-2　0 ~ 12 月龄婴儿语言发展的行为表现

年　龄	语音发展的行为表现
简单发音阶段（0 ~ 3 个月）	哭叫是新生儿与成人交流和环境交流的方式，也是婴儿第一个月的主要发音。在刚出生的一个月当中，婴儿能够调节哭叫的音长、音调和音高。在这个阶段婴儿的辨音水平非常高，从出生到 3 个月婴儿已经具备辨别单一语音的能力
连续音节阶段（4 ~ 8 个月）	咿呀学语是婴儿从 4 个月到 1 岁出现的语言表达。这个阶段婴儿的发音量大增，发音内容大多是以辅音和元音相结合的音阶为主，并且有一个从单音节发生过渡到重叠多音节发生的过程，如 ou-ma，ba-wa 等。 　这个阶段婴儿的发音大多是对成人社会性的刺激做出的反应，在与成人的交往过程中出现学习交际规则的雏形，能听懂简单的词和命令，看懂简单的手势

续表

年龄	语音发展的行为表现
学话萌芽阶段（9～12个月）	此时的婴儿咿呀学语会达到一个高潮。说出第一个词之前的咿呀学语的特点是重复音节，如"dadadadada"，这被称为模仿言语。婴儿似乎能够模仿自己和他人的声音，这种情况将持续到18个月时结束

三、婴儿早期语言准备的支持策略

听和说是幼儿习得语言的过程，也是共同促进并不可分割的。结合幼儿听辨能力和语音发展的不同年龄特点提出以下支持策略：

（一）新生儿的语言准备支持策略

刚刚出生的婴儿具备了灵敏的听觉，并在很短的时间内听觉会迅猛、快速地发展。家人和看护者可以采取以下几种方法为其做好语言的准备。

（1）尽量多地和新生儿讲话（如图3-2所示）。

图 3-2　成人在与婴儿进行交流

（2）让新生儿听周围适度的声响，生活中充满着各种各样的声音。

（3）及时回应新生儿的哭闹。

（二）1～3个月婴儿的语言准备支持策略

（1）多抚摸、拥抱婴儿，并和婴儿进行面对面的语言交流。

（2）睡前倾听摇篮曲等乐曲，训练婴儿的倾听能力。

（3）尝试早期阅读，初步激发婴儿阅读的兴趣。

（三）4～6个月婴儿的语言准备支持策略

（1）坚持用语言刺激婴儿，鼓励婴儿模仿和学习发音。

（2）用强化、鼓励等方法诱导婴儿发音。

（3）初步养成睡前倾听文学作品的习惯。

（四）7～9个月婴儿的语言准备支持策略

（1）用动作、实物配合法，建立语音和实体之间的联系（如图3-3所示）。

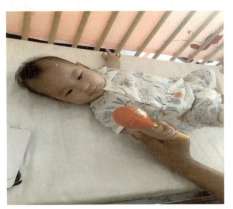

图3-3 成人摇动沙槌吸引婴儿的注意

（2）和婴儿进行"平行"的亲子阅读，初步培养良好的阅读习惯。

（3）用与婴儿生活有密切关系的词语教婴儿。

（五）10～12个月婴儿的语言准备支持策略

（1）丰富幼儿的生活活动，提供更丰富的语言和环境。

（2）鼓励婴儿尝试发出新语音，并反复进行练习强化。

（3）在行动中伴随语言刺激，让婴儿学说话。

（4）开展早期阅读，初步培养婴儿良好的阅读习惯（如图3-4所示）。

图3-4 成人与婴儿开展早期的亲子阅读

学以致用

　　5个月大的幼儿相比新生儿来说，各个器官功能的发育都有了较大的进步，他们开始进入咿呀学语的阶段，语言开始从单一的哭闹声变得丰富起来。

　　当妈妈发出声音从旁边经过的时候，幼儿会转头去寻找妈妈的位置。这个时候幼儿已

经可以发出一些简单的音节"ma""ba""da"等，而且特别喜欢咿咿呀呀地和成人简单"对话"，幼儿一个人玩耍的时候也喜欢自言自语地"说话"。

成人可以抓住一切机会多和幼儿说话，帮助幼儿建立一个良好的语言发展环境：给幼儿喂奶的时候可以教幼儿认识奶瓶、奶嘴，给幼儿做护理的时候可以教幼儿认识纸巾、衣服、香皂等，陪幼儿玩的时候可以教幼儿认识玩具、颜色、数字等。

成人也可以通过给幼儿唱儿歌、念童谣的方式尽早让幼儿接受丰富的语言刺激，这对促进幼儿早日学会说话是很有帮助的。

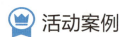 活动案例

指导幼儿进行早期语言准备的游戏（3～6岁）

游戏1：金瓜瓜，银瓜瓜

很多爸爸妈妈都给孩子唱过儿歌，但是在给孩子唱儿歌的过程中缺少和孩子的互动。如果我们可以在唱儿歌的时候，同时根据儿歌的内容和孩子一起互动，对孩子的语言发展更有利。

如妈妈给孩子唱儿歌："金瓜瓜，银瓜瓜，村里瓜棚结瓜瓜，瓜瓜落下来，打着小娃娃。娃娃急得叫妈妈，妈妈急得抱娃娃，娃娃怪瓜瓜，瓜瓜笑娃娃。"在给孩子唱这首儿歌的时候，爸爸妈妈可以准备两个颜色不同的瓜果玩具，可以将儿歌中的"金瓜瓜，银瓜瓜"改成自己手里的瓜瓜颜色，如"绿瓜瓜，红瓜瓜"。

妈妈一边唱，一边把瓜瓜举到孩子面前给他看，当妈妈唱到"瓜瓜落下来，打着小娃娃"的时候，可以把瓜瓜从上空轻轻地放到孩子的头上，给孩子一点感觉刺激，再让瓜瓜落到地上来。唱到"娃娃急得叫妈妈，妈妈急得抱娃娃，娃娃怪瓜瓜，瓜瓜笑娃娃"的时候，妈妈要做着急的动作去抱一抱孩子，然后把瓜瓜捡起来，在孩子面前摇晃几下，表示"瓜瓜笑娃娃"。

游戏2：爸爸来电话啦

现在的孩子，大多对手机都很感兴趣，特别是当手机里发出一些声音的时候，他们都会聚精会神地听。我们也可以利用手机给孩子做语言训练。

妈妈可以和孩子拿同一个玩具电话，爸爸在另一边拿一个电话。妈妈先把玩具电话的来电铃声启动，然后拿起电话说："喂喂喂……"爸爸在另一边说："小宝宝，你和谁在一起呀？"妈妈把电话放到孩子耳朵边，假装用电话和爸爸通话，妈妈引导孩子和爸爸对话。

1岁的孩子虽然还不会说话，但是他们能发出咿咿呀呀的声音，我们也要认真听他们说，然后孩子说完了，爸爸再继续说，可以问："你在玩什么玩具呀？今天喝水了没有呀？爸爸一会儿来陪你玩哦！"结束通话的时候，爸爸说："拜拜！"妈妈也要给孩子示范如何结束

通话，跟爸爸说"再见"。然后按"挂断"键，对孩子说："爸爸挂电话了，我们把电话放回去吧！"

打电话游戏不仅可以潜移默化地提高孩子的语言表达能力，还能形成亲子互动，促进亲子情感。

任务二　幼儿早期口头语言与学习支持

📥 情境导入

18 世纪，普鲁士国王腓特烈二世想从 9 种语言中，找出哪一种是人类最天然的语言。他让一些保姆照顾 6 个婴儿，但从来不跟这些婴儿说话，他认为这样 就能让这些婴儿自发地说出最原始的语言。腓特烈二世想象，那应该是普鲁士人最常用的拉丁语或希腊语，但是结果却是这些婴儿的语言发展发生了停滞。

思考：小动物在出生后就能交流，小孩子却要先学习语言。如果这个功能没有得到开发，他就会像"野孩子"一样，永远学不会说话。语言是生活的条件，那么幼儿早期口头语言是如何发展的呢？

📗 知识锦囊

一、口头语言的概念

口头语言是指通过人的发音器官发出的语言声音来表达思想和感情的言语。它是指以听、说为传播方式的有声言语。口头语言可分为对话语言和独白语言。对话语言是两个人或者两人以上进行交谈，如幼儿在一起聊天；独白语言是一个人独自向听者讲述，如老师讲座、小朋友自己讲故事等。

幼儿口语的发展主要表现为掌握语音、词汇、语法及语言功能的发展。2岁是幼儿口头语言发展的关键期。

二、幼儿早期语音的发展及支持策略

（一）幼儿早期语音的发展

语音是语言的物质载体，是由人类发音器官发出的表达一定语言意义的声音。幼儿语音的

发展也被称为前言语阶段即语言的准备期。幼儿对语音的感知、理解及发音能力对幼儿正式学习说话有至关重要的影响。

幼儿语音的发展一般有三个阶段，包括简单发音阶段、连续音节阶段和学话萌芽阶段。

1. 简单发音阶段（0～3个月）

0～3个月婴儿的听觉发展比较敏锐，对语音较敏感，能分辨人的语音和其他声音的区别，他们能发出一些简单的音节，主要以单音节为主。

2. 连续音节阶段（4～8个月）

4～8个月的婴儿能够发出连续的音节，6个月后，开始出现近似词的发音。他们能辨别一些语调、语气和音色的变化，感知说话者的表情、态度，表明语言理解能力有所提高。

3. 学话萌芽阶段（9～12个月）

（1）9个月大的婴儿开始真正理解成人的语言，首先他们能执行成人的简单语言指令，并能够根据指令建立相应的动作联系。比如：家里做客的客人要离开了，妈妈告诉宝宝说，给阿姨挥手拜拜。宝宝听到后会开心的举起自己的手挥一挥，表示再见（如图3-5所示）。

图 3-5　婴儿开心的挥手回应大人

（2）其次他们能将语音和实际物体进行联系，但缺少概括性。比如当孩子发出"花"这个音时，他会用手指眼前看到的花，而对于其他地方的花不会去指。

（3）最后婴幼儿的语言交际功能开始扩展，即能通过语音、动作、表情的结合与成人进行交流。当婴幼儿约12个月时，他们会说出第一个有意义的单词，这便是语言发生的标志。

（二）促进幼儿语音良好发展的支持策略

1. 丰富幼儿对声音的感知与辨认

（1）成人应该利用生活中的各种声音来刺激幼儿，让幼儿从周围环境中接触不同的声音。成人可以经常跟他们说话、唱歌，注意声音不能太大。

（2）成人可以在幼儿生活的环境中挂上一些铃铛、时钟等发声玩具，让幼儿感知不同事物、不同方位发出的声音，学会辨别声源，并学会把声音和物体联系起来。

（3）幼儿能区分出人的语音和其他声音，并辨别不同人的说话声和语气语调的变化。成人可以经常跟幼儿说话、唱歌、讲故事，让他们熟悉不同人说话的声音，如男人、女人、大人、小孩、老人、年轻人等，提高幼儿对语音的敏感性。

2. 激发幼儿对语义的感知

9个月时幼儿能将语音和语义联系起来，真正理解成人的语言。幼儿最初理解的词是日常生活中常见事物的名词和与身体动作有关的动词。

（1）当4个月时成人可以教幼儿认识物品。可以从幼儿最感兴趣的东西开始，一边说物体的名字，一边让他们看或摸相应的物体，逐渐建立语音和实体之间的联系来辨别事物的名称。

（2）不同的家庭成员可以让幼儿有意地练习叫爸爸、妈妈、爷爷、奶奶等，也可以重复叫幼儿的名字，让幼儿学会辨别家人的称呼，能听懂自己的名字，将不同称呼与对象联系起来。

3. 指导幼儿执行成人的简单语言指令

幼儿按成人的口头指示做动作，可以给幼儿进行简单的动作或手势模仿练习，如再见、欢迎、点头等。在日常生活中，多用生活情景帮助幼儿积累动词。

三、幼儿早期词汇的发展及支持策略

（一）幼儿早期词汇的发展

词是指词语的总汇，各个民族的语言都有其基本的词汇，每个人又有每个人的词汇。幼儿在语言发展过程中，要学习和掌握生活中通用的词汇。

一般来说，幼儿早期只掌握基本的口语词汇即可。幼儿词汇的发展特点主要表现在词汇量迅速增长、词类增多和词义理解加深三方面。

1. 词汇量迅速增长

词汇量是幼儿语言发展的标志之一。一般来说，幼儿的词汇量是随着年龄增加而增加的。

（1）大多数幼儿会在10个月左右说出第一个有意义的单词；在10～15个月，以平均每月掌握1～3个新词的发展；到15个月时，幼儿一般能说出10个以上词语；到19个月时，已能说出约50个词。

（2）19个月后，幼儿掌握新词的速度显著加快，以平均每个月学会25个新词的速度递增；到2岁时，已掌握300多个词。这种掌握新词速度猛然加快的现象称为"词汇激增"或"词语爆炸"现象。到3岁时，幼儿的词汇量可达1 000个。

2.词类增多

随着词汇量的增加,幼儿掌握的词类范围也在不断扩大,主要体现在词的类型和内容两方面。其中,幼儿4~5岁是词汇丰富的活跃期,5~6岁语言表达能力明显提高。

幼儿一般先掌握实词,即意义比较具体的词,包括名词、动词、形容词、数量词、代词、副词等。

实词中最先掌握名词;其次是动词;再次是形容词和其他实词;最后掌握虚词,即意义比较抽象的词,这些词一般不能单独作为句子的成分,包括介词、连词、助词、叹词等。幼儿掌握虚词不仅时间较晚,而且比例也很小,只占词汇总量的10%~20%。

3.词义理解加深

语词是概念的标志,幼儿学习词汇和思维发展密不可分。不同幼儿对于词义的理解水平是不同的,他们最初掌握词时,往往对它的理解不确切,然后慢慢地逐渐加深。

(1)1~1.5岁幼儿词义的发展。1~1.5岁的幼儿对词汇的理解具有较强情境性、词的概括性相对笼统,存在着词义泛化、窄化和特化等现象。

词义泛化是指用一个词代表多种事物(即外延扩大),如用"毛毛"指代所有带毛的动物或毛皮做的东西;词义窄化是指幼儿对词义的理解具有专指性(即外延缩小),如"车车"仅指自己的婴儿车;词义特化是指幼儿的词语指称对象完全与目标语言不同(即匹配错误),如用"抓住"一词指代一切扔东西的动作。

(2)2~3岁幼儿词义的发展。2~3岁幼儿词汇量大增,他们喜欢开口说话,喜欢提问。他们常常会说一些叠词,主要是表达具体物品名称的词汇,以名词、动词、代词居多,表达以双词句为主,会使用少量的形容词,会说3~5个字的简单句,开始学会使用疑问句和否定句,一句话不超过6个字。

(3)3岁以上婴幼儿词义的发展。3岁后,幼儿常常会自己造词语,比如一个三岁半的幼儿说:"电话这里有条子(指电线)。"随着年龄的增长,幼儿对于词义的理解逐渐加深,这种不确切的造词现象会渐渐消失。3~4岁的幼儿掌握方位词的能力迅速发展,四岁半以后形容词使用量增长较快,六岁半可使用的形容词达200个以上,但是对于代词的理解相对较弱。

(二)促进幼儿词汇良好发展的支持策略

1.在感知与操作活动中理解词义

理解词汇的含义是幼儿掌握、运用词汇进行语言表达的基础。成人应该利用多种方法帮助幼儿理解生活中常见词汇的含义。

(1)在感知活动中理解词义。感知活动是幼儿认识事物的重要方式,也是幼儿学习词汇的主要方式。在感知的同时,将词与相应的事物、现象联系起来,幼儿就能准确地理解词义。

运用多种感官获得对词汇的感性认识，是幼儿早期理解词义最基本最有效的方法。

如学习词汇"五颜六色"，就应动用幼儿视觉，观察五颜六色的花朵、五颜六色的彩旗等；学习词汇"清香"，就应动用幼儿的嗅觉闻清香的菊花、清香的果子等（如图3-6所示）。

图 3-6　幼儿在用感官感受大自然

（2）在动手操作中理解词义。成人可以通过对比、演示等操作活动帮助幼儿理解词义。比如，用对比观察茶水在玻璃杯中与瓷杯中不同的方法教幼儿理解"透明"的词义。将词汇的本义与其相反的或不同的意义对比展示给幼儿，能帮助幼儿澄清混淆、突出词汇的含义。成人也可根据幼儿的动作演示进行有针对性的讲解，将词组与动作联系起来，幼儿就会掌握得又快又好。

比如，教幼儿学习"抬头挺胸"这个词组，可让幼儿看别人"抬头挺胸"的动作，也可让幼儿自己用动作演示，将词组与动作联系起来，幼儿会更好地掌握。

2. 创造良好的语言环境，增强幼儿词汇运用能力

幼儿的语言是在实践中不断发展起来的。对于所学的词汇，在幼儿理解的基础上，必须让幼儿多次练习，创造条件让幼儿运用，才能真正达到提高幼儿口语表达能力的目的。

（1）在生活中帮助幼儿运用词汇进行表达。成人应有意识地在生活中创造条件让幼儿练习运用词汇，增加词汇量。例如去公园游玩，可以在观赏景色的时候让幼儿积极运用词汇进行描述："绿油油的小草""鲜艳的花朵""美丽的金鱼"……家里来客人了，可以让幼儿主动使用礼貌用语："您好""请坐""再见"。

幼儿练习用词的机会越多，对词汇的掌握就越准确。在练习时，成人还应特别注意幼儿选用的词语是否正确、贴切。

（2）运用词汇应符合幼儿的思维方式。幼儿的思维方式以直觉行动思维和具体形象思维为主，成人在指导幼儿运用词汇时应注意适合幼儿的理解能力与生活经验，掌握由近及远、由浅入深、由具体到抽象的原则。

例如，运用"明亮"一词就应从幼儿身边的具体内容开始，如"明亮的玻璃窗""明亮的教室"，然后扩展到"明亮的眼睛"……逐渐扩大运用词汇的范围和难度，这对于对幼儿的语言发展与思维发展有极大的促进作用。

（3）及时纠正幼儿用词不当行为。当幼儿出现用词不当时，成人应及时纠正。纠正的时候要应用启发式的方法指导幼儿改正用词不当，切忌指责。如幼儿说"白颜色的水"，这反映了幼儿认识的不准确，成人不应只是简单地让幼儿换一个修饰词语，而是要启发幼儿掌握水的特点，使幼儿知道水不是白颜色的，应该用"透明""无色"（没颜色）来描述才是准确的。

四、幼儿语法的发展及支持策略

（一）幼儿语法的发展

幼儿在学习语言的过程中，不但要掌握一定的词汇，还要逐渐掌握本族语言的基本语法结构形式。语法和词一样，是社会上约定俗成的，幼儿学习语言的过程，也是掌握语法的过程。语法的发展包括句型的发展、语句结构的变化、句子含词量的增加和语法意识的出现。

1. 句型的发展

（1）从不完整句到完整句。不完整句，包括单词句和电报句。

单词句是指用一个词代表的句子，一般出现于1～1.5岁。例如，当幼儿说"妈妈"这个词时，既可能代表要妈妈抱，也可能代表请求妈妈帮他拾起一个东西，还可能代表要妈妈喂他吃东西……

电报句又称双词句，是由2个单词组成的不完整句，有时也由3个词组成，一般出现于1.5～2岁。例如，"妈妈抱""爸爸班班""饼饼没""娃娃排排（坐）"等。电报句表达的意思比单词句明确，已具备句子的雏形。

幼儿2岁以后逐渐说出比较完整的句子，完整句的数量和比例随年龄的增长而增长，到6岁左右，98%以上幼儿会使用完整句。

（2）从简单句到复合句。简单句，指句法结构完整的单句。幼儿从2岁开始，简单句逐渐增加。随着年龄的增长，幼儿使用简单句的比例逐渐减少，复合句逐渐发展。

复合句，指由两个或两个以上意思关联比较密切的单句组成的句子。幼儿使用复合句的特点是数量较少，结构松散，缺乏连词、只是简单句的结合，如"妈妈去上班，我上幼儿园"。另外幼儿比较容易掌握联合复句，常常用"还""也""又"这些连接词进行表达。复合句的发展和幼儿词汇量、连词及逻辑思维的发展有关。

（3）从无修饰句到修饰句。幼儿最初说出的句子是没有修饰语的，如"宝宝画画""汽车走"。2～3岁的幼儿有时会说出一些修饰语，如"大灰狼"，但是实际上他们把修饰词和被修饰词作为一个词组来使用，在他们的心目中，"大灰狼"就是"狼"，不论那是大狼或小狼还是其他颜色的狼。

两岁半的幼儿已经开始说出一定数量的简单修饰语，如"两个娃娃玩积木"。3岁开始说出复杂修饰语，如"我玩的积木"。3~3.5岁是复杂修饰语句数量增长速度最快的年龄。

（4）从陈述句到非陈述句。幼儿最初掌握的是陈述句。在整个学前期，简单的陈述句仍然是基本的句型。幼儿常用的句型除陈述句外，还有疑问句、祈使句、感叹句等。

疑问句产生较早，由于生活的需要，2岁左右幼儿也有单词句结构的疑问句。比如2岁左右幼儿就会问："锁门干吗？"随着年龄的增长，幼儿使用的疑问句的频率也会增加。5岁左右幼儿会使用许多因果关系的问句，如"为什么树会发出沙沙声"？"为什么雨后天上会有彩虹"？

2. 语句结构的变化

（1）从混沌一体到逐步分化。幼儿在掌握语言的过程中，语句逐渐分化。分化过程表现在表达内容、词性和结构层次三个方面。

两岁半的幼儿多半是边做动作边说话，用动作补充语言所没有表达完的意思，表达内容没有分化，随着年龄增长表达内容逐渐分化。最初，他们的语词不分词性，如把"解放军叔叔"当作一个词来使用。有个孩子说："我长大了也当解放军叔叔。"以后在使用中逐步分化出修饰语和中心语、名词和动词等词性。幼儿最初主谓语不分（单词句、双词句），逐渐发展到可以表达出结构层次分明的句子。

（2）句子结构从松散到逐步严谨。三岁半以前的幼儿话语常常漏缺主要词类，词序紊乱，如"孙悟空头上毛"（孙悟空拔头上的毛）。后期句子复杂性增加，各成分间的互相制约越来越严格。三岁半以后出现较多复杂修饰语句。5~6岁时，幼儿的关联词比较丰富，但还常常用得不恰当。

3. 句子含词量的增加

随着年龄的增长，幼儿说话所用句子的含词量逐渐增加。幼儿最初的句子只有1个词（单词句），然后会说出2个词的句子（双词句），3岁的幼儿仍然较多使用4个词以下的句子。总体说来，幼儿常常使用的句子主要在10个词以内，而4~6个词的句子占最大比例。

4. 语法意识的出现

幼儿掌握语法结构，主要是通过日常生活中的言语交往、模仿成人说话而习得的，幼儿对语法结构的意识出现较晚。幼儿由于反复的实际练习，形成了习惯，才建立起词与词之间联系的各种动型。他们并不懂得分析什么是名词、动词，以及各种词之间的关系。

幼儿对语法的意识从4岁开始明显出现。这时，幼儿提出有关语法结构的问题，逐渐能够发现别人说话中的语法错误。例如，一个幼儿听另一个幼儿说"知不道"，便提出异议说："你怎么说'知不道'？应该说'不知道'。"

（二）促进幼儿语法良好发展的支持策略

1. 鼓励幼儿学说完整句子

当幼儿开始学习说话的时候，经常喜欢用短词或者短语，用5个字以内的词语来代表一句话。虽然成人能够意会幼儿的意思，但这样的习惯不利于幼儿口语表达能力的发展，幼儿2岁以后的听觉能力和理解能力增强，能听懂很多话，但是用语言表达出来仍然存在困难。

成人应引导幼儿完整表达自己的想法，如幼儿指着一个布娃娃说"我要"，成人应加以追问幼儿："你要什么？你说的是什么意思？"成人应读懂幼儿简单词汇背后的含义，鼓励幼儿表达完整句子。与此同时，成人尽量不要用短句和幼儿交流，鼓励幼儿进行完整的表达。

2. 鼓励幼儿说复合句

学习复合句能增强语言逻辑。幼儿对于复合句型还不够熟悉，成人可以有意识地在幼儿面前使用复合句，描述当天或最近发生的事情。比如，"昨天晚上吃了饭，我们出门找隔壁的小茵玩了一会儿，后来就回家了。"

成人可以和幼儿一起做语言复述的游戏，或用边讲故事边提问的方法进行锻炼。比如，妈妈对幼儿说"今天我们一起吃了苹果"，并叫他将话传给爸爸。这种游戏简单有趣，幼儿乐意参与。复述的句子从短到长，主要目的是激发幼儿表达的欲望和兴趣。

3. 借助早期阅读帮助幼儿习得语法意识

基于幼儿年龄的增长，其所接触的词汇也不断增多，句子也变得较为复杂，在表达方面成人应多加以引导。在这一过程中幼儿文学可以在一定程度上发挥其作用，减少学习周期。幼儿文学是依据幼儿语言表达水平与使用习惯编写而成的，符合幼儿思维模式与心理发展顺序。

成人可以每天给幼儿读读幼儿文学作品，跟幼儿一起沟通故事，一起复述作品里的句子，培养幼儿良好的语法意识，提高表达能力。

成人积极引导幼儿接触优秀的文学作品，不仅能够使得幼儿感受到语言文字的丰富与优美，同时又可以促使幼儿在阅读过程中不断积累丰富的句式表达经验，提高幼儿的语法意识。

五、幼儿口语表达能力的发展及支持策略

幼儿在学习语言的过程中除了要掌握语言中的语音、词汇和语法这些语言成分，还要学习如何在各种不同的场合下加以运用。幼儿在入学以前要学会独立、连贯地表达自己的意思，并掌握说话的一些表情技巧。良好的口语表达能力，能够为幼儿的全面发展打下基础。

（一）幼儿口头语言表达能力的发展

1. 对话语言的发展和独白语言的发生

口头语言可分为对话式和独白式。对话是在两个人之间交互进行对话，独白则是一个人独自向听者讲述。

（1）对话语言的发展。幼儿的语言最初是对话式的，只有在和成人共同交往中才能实现能力的增长。年龄较小的幼儿，对话语言只限于向成人打招呼、请求或简单回应成人的问题；随着年龄增长，幼儿对话语言进一步发展，幼儿不但能够回答问题，或者提出问题和要求，而且为了协调行动能够在对话中与人商议，讨论对事物的评价，或对别人提出指示。

（2）独白语言的产生。独白语言是在幼儿期产生的。由于活动的丰富和发展，幼儿需要独立地向别人表达自己的思想情感，讲述自己的知识经验。同时幼儿的认知能力特别是思维的发展，也使他的独白语言有可能产生和发展（如表3-3所示）。

表 3-3 不同年龄幼儿的独白语言发展特点

年龄	3～4岁（小班）	4～5岁（中班）	5～6岁（大班）
发展特点	能主动讲述自己生活中的事情，但是在集体（如全班）面前讲话往往不大胆、不自然	能够独立地讲述故事或各种事情	不但能够系统地叙述，而且能大胆而自然地、生动地、有感情地进行描述

2. 情境语言的发展和连贯语言的发生

（1）情境语言的发展。对话语言是在谈话双方之间交互进行的，常常带有情境性，所谈及的内容已有共同了解，不需要连贯和完整。情境语言只有在结合具体情境时，才能使听者理解说话者的内容，并且往往还要用手势或面部表情甚至动作辅助和补充（如图3-7所示）。

图 3-7 幼儿在根据手偶形象独立地讲故事

3岁前幼儿的语言主要是情境语言。单词句和电报句都不能离开具体情境。幼儿只能进行对话，不会独白，也决定了他们的语言主要是情境语言。

3~4岁幼儿的语言仍然带有情境性。他在说话中运用许多不连贯的、没头没尾的短句，并且辅以各种手势和面部表情。他对自己所讲的事情丝毫不作理解，似乎谈话的对方已经完全了解他所讲的一切。如果别人听不懂他的意思，或者要求他作解释，他会表现出反感或困惑。

（2）连贯语言的发生。连贯语言的特点是句子完整、前后连贯，能够反映完整而详细的思想内容，使听者从语言本身就能理解所讲述的意思，不必事先熟悉所谈及的具体情境。情境语言和连贯语言的主要区别在于是否直接依靠具体事物作支柱。

4~5岁的幼儿说话常常还是断断续续的，不能说明事物现象、行为与动作之间的联系，只能说出一些片段。6~7岁的幼儿已能完整地、连贯地说话，开始从叙述外部联系发展到叙述内部联系（如图3-8所示）。研究调查发现：随着年龄增长，情境语言的比重逐渐下降，连贯语言的比重逐渐上升。

连贯语言的发展使幼儿能够独立地、完整地、详细地表述自己的思想，这不但能促进幼儿语言表达能力的提高，而且还能促进幼儿逻辑思维的形成和独立性的加强。

图3-8　幼儿在与同伴进行互动交流

3. 讲述逻辑性的发展

幼儿在独立讲述中，逻辑性水平逐渐提高，主要表现在讲述的主题逐渐明确，层次逐渐清楚（如表3-4所示）。

表3-4　不同年龄幼儿讲述逻辑性的发展特点

年龄	3~4岁（小班）	4~5岁（中班）	5~6岁（大班）	6~7岁
发展特点	幼儿的讲述常常主题思想不够明确，层次不清	4岁与5岁幼儿差别不大。有的幼儿在讲述时，用的语句很多，表面上看来讲话流利，但是他们的表达常常主题不突出	5~6岁幼儿中有40.85%在看图讲述中叙述过于具体和琐碎，妨碍了突出主要情节	幼儿讲述逻辑性逐渐提高，主题明确、表达清晰

4. 掌握语言技巧

幼儿在讲话时逐渐会掌握说话的语气、语音、语调技巧，能够掌握有表情地说话的技巧，使语言更好地表达自己的思想感情。

语气表示说话时情感和态度的区别，也表现出说话人的状态，如疲劳、兴奋、有无自信心等。语气的变化表现在语音的高低、强弱（或轻重）、长短、停顿、节奏、速度等方面。

幼儿最开始不会小声说话，以后才学会在必要时小声说话。幼儿常常分不清大声说话与喊叫的区别，在努力学习或表演朗诵时，常常大声喊叫。有些幼儿又由于胆小而说话声音过小。经过教育，幼儿才逐渐学会用大家都能听得见的正常音量说话或表演。幼儿说话容易把声音拖长，或者说得过急，有的幼儿养成了撒娇的说话声调或粗暴的说话习惯，成人应及早予以纠正（如图3-9所示）。

图 3-9 成人有意识地引导幼儿正确发音

（二）促进幼儿口语表达良好发展的支持策略

1. 创设自由的语言环境，激发幼儿表达的积极性

成人应为幼儿创造自由宽松的交往环境，并通过引导和鼓励使其主动与人进行交谈，从中感受到语言交流的乐趣。在幼儿口语表达能力的培养中，成人应在日常生活和学习中与幼儿进行积极的互动，营造良好的语言环境，为他们提供更多的说的机会，鼓励幼儿尽情表达。

成人需要根据幼儿无意注意为主的特点，为他们创造直观形象的语言环境，使其能够接触到外界事物，不断积累词汇、丰富经验。激发幼儿参与集体活动的积极性，调动他们观察周围事物的兴趣，让幼儿在自由的语言氛围中提升口语表达能力。

2. 在日常生活中锻炼幼儿口语表达

幼儿一日生活是丰富多彩的，幼儿的生活活动蕴含了丰富的教育契机，成人应为他们提供更多说的机会，并鼓励幼儿积极表达，这样不但能有效地锻炼幼儿的口语表达能力，还能够帮助幼儿积累生活经验，提高幼儿生活技能。

比如在早上起床或者入园时，成人可与幼儿打招呼，借此学习文明礼仪；利用谈话时间开展"新闻播报""小小朗读者"等活动；在区域游戏活动中，引导幼儿自主选择交流的同伴、交流内容，引导幼儿说出游戏的名称、规则、要求等。

3. 尊重幼儿个体差异，培养口语表达能力

幼儿口语表达能力因环境不同或遗传因素等会存在差异性，作为教师在培养幼儿口语表达时应尊重幼儿间的差异性。

首先，教师要全面了解不同幼儿的语言特点，并对其语言特点进行分类。有的幼儿有较强的表达欲望，但是语言应用不准确，有的幼儿接受新词汇的能力较强，但是语言能力提升缓慢等。

其次，教师需要结合幼儿特征制定个性化的教学方案，使不同能力的幼儿都能得到发展。

学以致用

人的一生中有一个固定的时期比其他任何时期都更容易习得语言，教育学家把它称为语言关键期，这一时期习得的语言将成为母语，未来可以灵活运用。过了这段时期以后，一般很难习得完美的母语。每个孩子都有语言天赋，从出生伊始，孩子就能分辨所有人类的语音。

语言只能在2岁到青春期之间这段关键期学会。幼儿的大脑在2岁前还没有发育成熟到足以接受语言；但到青春期后，大脑的构成已完全完成，失去可塑性，不能再获得第一语言。

2岁是幼儿口头语言发展的关键期。口头语言是指通过人的发音器官发出的语言声音来表达思想和感情的言语。幼儿口语的发展主要表现为掌握语音、词汇、语法及语言功能的发展。因此在婴幼儿时期成人应该利用多种途径引导幼儿进行语言的获得，帮助幼儿积累语言经验。

 活动案例

案例一：促进托班幼儿口语表达（2～3岁）

活动一：问候游戏（宝宝，你好！）

活动目标：调动幼儿愉悦的情绪，促进幼儿的社会性发展。

指导过程：

（1）教师拿小兔手偶和幼儿打招呼：宝宝，宝宝，早上好！拉拉小手（摸摸小脸）早上好。

（2）引导家长握着幼儿小手和教师互动。

活动二：亲一亲

活动目标：增强幼儿对语言意义的意识，促使其对呼叫自己的名字有反应。

活动准备：娃娃一个。

指导语：这个年龄段的宝宝开始喜欢倾听成人生动的讲话，能懂得一些词语的意义，能重复发某些元音和辅音，试着模仿声音，发音越来越像真正的语言。此活动的目的在于给宝宝创设一个语言环境，使宝宝在听成人念儿歌的过程中，意识到语言的意义。

指导过程：

（1）指导者示范。指导者抱着娃娃面对面坐下，边念儿歌边亲吻娃娃身上不同部位。

（2）指导家长。指导家长和幼儿面对面坐下，家长边念儿歌"亲亲小脸，好香好香"边亲吻幼儿身上不同的部位。家长引导幼儿亲吻家长身上不同部位，家长还可以边抚摸幼儿身上不同部位，边念儿歌。

①指导家长念儿歌时语速要慢，要和幼儿边情感交流边念儿歌，让幼儿看到家长的唇形。

②幼儿亲家长时，家长要不断改变方法激发幼儿活动的兴趣。

（3）温馨提示：家长应经常为幼儿创设不同的语言环境（如听故事、儿歌、与幼儿谈话），增强幼儿对词语的理解。

休息时间：（舒缓音乐）家长可对幼儿进行生活料理，如喝水、洗手、点心、如厕、户外休息、自由玩耍。

案例二：培养幼儿良好口语表达能力（3～6岁）

活动一：鼓励幼儿大胆表达

生活中有时会遇到这样的幼儿，在别人面前羞于启齿。成人应该以亲切的语词、和蔼的态度耐心接待他们，关心、照顾他们的生活，参加他们的游戏，使幼儿从感情上得到满足，产生多说话的意愿。成人可以从幼儿最能接受的起点开始，坚持每天对他讲话，比如说"小金，早上好！""小金小朋友最爱和老师讲话了"。一次一次地，幼儿渐渐能够做出反应，日复一日，幼儿的口头表达能力会逐渐提高，会主动和老师、小朋友交谈。

推荐游戏：长途电话。

活动二：丰富幼儿词汇

幼儿对于周围生活充满新鲜感，并时时伴有强烈的表达意愿。因此，结合每天的一日常规让他们说说看到的和听到的新鲜事，或教师有目的地提出一些幼儿感兴趣的话题，如："今天外面下雨了，是谁送你来幼儿园的？""昨天放学后你都做了哪些事情？""你这身漂亮的衣服是谁给你买的？"

每逢参观、散步、游览或气候异常时，成人要抓住一切机会和现象引导幼儿仔细观察，边

看边说，如问："花坛里有哪几种颜色的花呀？"有的说："花坛里有四种颜色的花。"有的说："有五种颜色的花。"成人完整表达："花坛里有白色的、粉色的、绿色的、红色的等很多种颜色的花，我可以用一句话说出来，那就是花坛里盛开着五颜六色的花。"成人引导幼儿也跟着重复这句话。久而久之，幼儿的口语表达能力、观察能力都能得到发展和提高。

游戏推荐：源源不断词语接龙。

案例视频：《趣味古诗》

任务三　幼儿早期书面语言与学习支持

情境导入

布丁刚刚上大班，最近个子长了不少，也逐渐养成了良好的生活习惯，他能够顺畅地与同伴、成人进行语言表达，对科学现象、艺术作品产生了浓厚的兴趣。

可是，一直照顾他的爷爷却十分不满，多次向老师抱怨："这马上都要上小学了，还不会写字，算算数还要掰手指头。"

张老师发现，最近布丁在幼儿园总是萎靡不振，对任何事情都没有兴趣。张老师了解到，爷爷每天晚上都让布丁在家写字、做算术题，由于幼儿写字慢，做题也理解不了，每天都要在爷爷的训斥下写到深夜 11 点……

思考：布丁的爷爷每天晚上都让他写字、做算术题，请你思考一下，幼儿可以学习写字吗？布丁爷爷的教育方法是否合理？如果你是布丁的家人，你会用什么方法指导他？

知识锦囊

一、书面语言的概念

书面语言主要指读和写。书面语言的基本单位是字，由字组成词，再由词语组成句子。书面语言学习包括认字、写字和阅读等。幼儿书面语言的发生如同口头语言一样，是从接受性的语言开始，主要包括早期阅读和前书写方面的发展。

二、幼儿早期阅读的发展及支持策略

早期阅读主要是对0~6岁幼儿实施的，通过引导幼儿观察图案、色彩、文字等元素或者倾听成人讲读的方式，理解幼儿读物内容的活动。幼儿早期阅读活动开展的主要目标在于经验的积累和良好阅读习惯的养成，是幼儿从口头语言向书面语言过渡的前期准备阶段。

幼儿园中的早期阅读活动是指教师在幼儿园内实施的，根据教育目标，有目的、有计划地培养幼儿学习书面语言的教育活动。具体包括创设良好的阅读环境，引导幼儿理解书面语言、发展书面语言表达的能力，培养幼儿的语言敏感期，为幼儿学习书面语言打下基础。

（一）幼儿早期阅读能力的发展

幼儿早期阅读能力的发展是指幼儿在学龄前阶段逐渐习得的一些与阅读能力发展相关的各项能力，包括幼儿阅读的习惯、观察的能力、理解的能力、表达的能力等。

综合上述幼儿阅读能力的要素来看，幼儿早期阅读能力的发展关键在于：幼儿阅读行为的规范与阅读习惯的养成；理解能力的提升与阅读策略的掌握；表达能力的提升与叙述能力的发展。从幼儿的发展角度来看，幼儿每种能力的发展要经历以下三个阶段：萌芽阶段、形成阶段和成熟阶段。

1. 阅读行为的规范与阅读习惯的养成

幼儿阶段是人成长的奠基阶段，良好的阅读习惯的养成与良好的阅读行为规范对幼儿的长远发展有着深刻影响。幼儿只有养成了良好的阅读习惯，才能在阅读过程中获得关键有用的信息，进而丰富个体的社会生活经验。

总体来说，良好的阅读习惯包括幼儿能够热爱阅读，能够在阅读的过程中保持专注。正确的阅读行为规范是指幼儿在阅读过程中能够爱护图书，保持正确的阅读姿势。

幼儿早期阅读的三个发展阶段如下：

（1）萌芽阶段。萌芽阶段是幼儿初步认识图画书的阶段。在这一阶段幼儿的主要表现为喜欢翻阅图书，对绘本感兴趣，能够粗浅地知道绘本所包含的内容；愿意与成人一起翻阅绘本，愿意去观察与聆听绘本中的内容；初步懂得如何翻阅绘本，知道一些阅读的常规习惯，看完能够将书放回原处；能够爱护绘本，不随意破坏绘本，懂得轻拿轻放，不乱涂乱画。

（2）形成阶段。形成阶段幼儿的阅读表现是能够主动地参与到阅读活动中来，对绘本的内容感兴趣，能够较为清晰地认知绘本所包含的内容；乐于经常与成人一起阅读绘本，在阅读的过程中认真专注；熟练掌握阅读绘本的规则，能够从左到右、从上到下按照阅读习惯进行阅读，阅读时能够用手指着绘本，带着目标去绘本中寻找内容；知道看书的正确的姿势，能够与书保持一定的距离，不在光线较暗的地方看书；能够主动爱护图书（如图3-10所示）。

图 3-10　幼儿在图书区进行自主阅读

（3）成熟阶段。成熟阶段是幼儿阅读习惯基本成型的阶段。这一阶段幼儿的主要表现为喜欢生活中各种类型、题材的图书，热爱阅读活动；熟练掌握绘本的结构，能够对绘本的各个部分有清晰的认知；能够根据阅读的内容翻阅绘本，知道绘本各个部分的要素及含义；能够进行较长时间的专注阅读，能够仔细观察绘本的画面与文字；初步具有独立阅读的能力，愿意和别人一起分享绘本；能够自觉保持正确的坐姿并对图书进行整理和分类。

2. 理解能力的提升与阅读策略的掌握

幼儿对阅读内容的理解包括幼儿对故事主人公的认知、对故事情节的把握以及对故事情感的体验。幼儿阅读策略的掌握是指幼儿在阅读过程中掌握的一些方式方法。幼儿在这一方面的发展要经过以下三个阶段：

（1）萌芽阶段。萌芽阶段幼儿的表现为：能够通过了解绘本内容认识图画书中的主人公，能够初步感知主人公的动作和情绪情感；能够清晰、准确地指认页面上的主角与背景元素，能够简单地了解主人公之间的关系与故事情节。

（2）形成阶段。形成阶段幼儿的表现为：能够有意识地通过封面了解绘本的主要内容；知道绘本的组成包括封面、封底、目录和名称，能够有意识地去阅读这些内容；能够知道绘本有文字，绘本是一文对一图；能够理解日常生活中常见的图画符号；能够认真观察画面的变化，根据画面变化了解故事情节。

（3）成熟阶段。成熟阶段幼儿的主要表现为：能够从封面了解绘本的基本内容，能够根据目录对绘本的内容进行查找；知道常见图画、符号、图标的意思，帮助个体理解绘本内容；能够根据对绘本内容的理解对故事的内容与情节进行创编；能够根据自己的想法制作简单的绘本。

3. 表达能力的提升与叙述能力的发展

幼儿表达能力与叙述能力的发展是在幼儿全面理解故事内容的基础上才得以实现的，幼儿对故事的复述与评价是幼儿对故事内容逐渐内化的重要表现。

《指南》中指出，5～6岁幼儿应对"看过的图书、听过的故事说出自己的想法"，这一要求表明幼儿在阅读过程中要能有所思考、有所迁移，注重提升个体的语言表达能力。幼儿这一方面能力的发展主要分为以下三个阶段：

（1）萌芽阶段。萌芽阶段幼儿的表现为：幼儿愿意主动向身边的人介绍绘本的内容，愿意与别人分享阅读的快乐；幼儿能用自己的语言简单地叙述绘本中的内容，但叙述总体来说缺乏逻辑性；幼儿能在成人的提醒下回忆起绘本中主人公的行为并对其进行简单描述。

（2）形成阶段。形成阶段幼儿的表现为：幼儿能够积极主动地用较为完整的语言连贯地向旁人讲述阅读的内容；能够独立地回忆起故事中的一些情节，用简单的书面语言进行讲述（如图3-11所示）；能够简单地表达自己对绘本的喜爱并说明原因。

图 3-11　幼儿在独立地讲述故事

（3）成熟阶段。成熟阶段幼儿的表现为：幼儿能主动地向别人介绍阅读的内容，能够对书中的内容与同伴进行讨论；能够以书面语言的表达方式较为清晰连贯地讲述绘本中的内容；能够对绘本中的细节进行描述，包括主人公的行为方式、情绪情感，背景图的特征特点；幼儿能够根据自己的生活经验对故事内容进行仿编与续编；幼儿能够表达自己对绘本的理解，对主人公的行为进行评判，并能较为全面地说出自己的理由。

（二）促进幼儿早期阅读的支持策略

幼儿早期阅读经验的积累至关重要，为幼儿良好能力的培养奠定重要基础。幼儿良好阅读能力包括幼儿对阅读感兴趣，懂得阅读的正确方法，能够对阅读内容有自己的理解，对人物的设定有自己的评判。

但幼儿阅读能力的发展不是自然而然形成的，而是需要教育者进行有目的的引导。基于此，为有效提升幼儿早期阅读能力，提出以下建议：

1. 建立适用于不同年龄阶段的目标体系

幼儿年龄阶段目标是教师制定教学活动目标的指导性文件，适宜的年龄阶段目标有益于幼儿习得前阅读阶段的核心经验。教育者在制定幼儿前阅读活动的年龄阶段目标时应参考《指南》，针对不同年龄阶段的幼儿提出不同的发展性目标。

幼儿早期阅读目标的制定除了要与幼儿的年龄发展阶段相适应，也要有一定的难度，即"跳一跳，摘桃子"，在幼儿的最近发展区内选择合适的教育目标与教学内容。

2. 选择适合幼儿年龄阶段的绘本

选择合适的绘本是幼儿有效阅读的前提，合适的绘本能够促进幼儿各方面的发展。因此，教师在进行绘本选择时应进行全方位的考虑。

首先，教师应选择能够符合幼儿阅读兴趣，促进幼儿发展，提升幼儿审美，满足幼儿情感需要的健康绘本。

其次，教师在选择的幼儿读物应符合幼儿的年龄特点和发展水平。小班阶段，教师可以选择一些故事内容生动、形象突出、色彩鲜明，能够激发幼儿阅读兴趣的绘本。中班阶段，教师可以选择故事情节稍微复杂，人物数量相对较多的绘本。大班阶段，教师可以选择故事情节更加复杂，情感表达更加丰富的绘本（如图3-12所示）。

图 3-12　选取合适的绘本进行阅读

3. 根据幼儿的年龄阶段选择适宜的教学形式

采用适宜的教学组织形式是幼儿有效阅读的重要基础。教师在引导幼儿参与阅读活动时可交互使用观察法、示范法、谈话法、游戏法，采用多样的教学形式组织幼儿参与到早期阅读活动中。

小班幼儿的注意力不稳定，观察的目的性较差，教师在对幼儿进行培养的过程中要注意培养幼儿的阅读兴趣。

中班幼儿阅读能力得到了逐步提升，教师可引导幼儿在阅读的过程中进行认真观察与互动交流。

大班幼儿的各项能力逐步发展成熟，掌握了一定的阅读技巧，教师在对幼儿进行引导时可进行启发式阅读，逐渐帮助幼儿提升阅读能力。

4.创设适宜的阅读环境

《幼儿园教育指导纲要》中明确指出要为幼儿"创造一个自由宽松的语言交往环境，支持、鼓励、吸引幼儿与教师、同伴或其他人交谈，体验语言交流的乐趣"。幼儿阶段的阅读环境包括丰富的物质环境和愉悦宽松的心理环境。

物质环境的创设包括设立一个相对独立、安静舒适、光线充足的空间，使幼儿能够全身心投入阅读活动中。心理环境的创设是指幼儿能有一个想说、敢说、喜欢说、有机会说并能够得到积极应答的环境（如图3-13所示）。

图3-13　幼儿在户外活动中自主地与亲人进行互动

三、幼儿早期前书写发展及支持策略

前书写是幼儿进行的一种非正式的书写活动，是幼儿自发产生、自主进行的游戏活动，也是幼儿顺利进入正式书写前的预备性或准备性的学习活动。前书写是幼儿在正式写字之前，根据环境中习得的书面语言知识，使用图画、涂写等像字而非字的符号来传递信息，表达情感，与周围世界进行互动和交流的游戏与学习活动。

从教育的角度来看，前书写活动是在教师的组织引导下，有目的、有计划培养幼儿的前书写能力以及与书写有关的态度、情感和行为等，促进幼儿前书写经验积累的学习活动。

（一）幼儿早期前书写的发展

前书写是幼儿读写学习的重要组成部分。幼儿的前书写能力随着年龄的增长而逐渐发展。综合幼儿前书写能力发展的表现，将幼儿前书写能力的发展概括为以下三个方面：积累前书写经验；感知字形空间、方位；主动进行创意性书写。

1. 积累前书写经验

幼儿前书写经验是指幼儿最初在涂写、绘画过程中积累的一些有关前书写的经验。幼儿这个阶段的书写不是规范意义上的书写，而是幼儿一种自发性的涂鸦，在模仿过程中描绘出的与文字表达类似的符号。幼儿前书写经验的积累主要分为以下三个阶段：

（1）萌芽阶段。幼儿最初的书写活动，是基于个体的好奇心与对成人活动的模仿而进行的自发性的、随意的涂画。幼儿自己用笔在纸上进行一些随意的描写，内容往往简单而潦草，图形也表现为杂乱无章，但在幼儿的意识中，能够将这一书写活动与自己的绘画活动进行区分，幼儿能够意识到自己是在进行书写。

（2）形成阶段。幼儿已经初步拥有涂写与绘画的经验，包括握笔的经验与在纸上涂写的经验。在这一阶段，幼儿能够进行模仿汉字外形的描写活动。幼儿在这一活动中往往会假装描绘出一些随机的符号，描画的内容比萌芽阶段更加丰富，这些内容里有些是幼儿的随意涂鸦，有些已经能够代表幼儿的一些简单的思想。

（3）成熟阶段。在这一阶段，幼儿已经积累了一些最简单的汉字字形。幼儿能够通过观察汉字与其他的绘画元素对其进行明确的区分，能够熟悉汉字的外形特征，能够通过了解汉字的外形特点对一些简单外形的汉字进行描写。

2. 感知字形空间、方位

汉字作为知识交流的重要载体有其独特的外形特点与结构形态。幼儿园阶段，幼儿已经能够将这些具有独特外形的汉字进行区分，能够在早期阅读的过程中逐渐积累一些对汉字外形的认识。幼儿对字形空间、方位的感知主要分为以下三个阶段：

（1）萌芽阶段。幼儿能够初步感知方块汉字的特点，与图画进行区分。汉字典型的外形特征即"方方正正"，这是汉字区别于其他符号的典型特征，也是汉字最基本的外形特点。在这一阶段，幼儿能够逐步意识到汉字是方形的，是一块一块的。

（2）形成阶段。幼儿能够从较为复杂的图画书中快速、准确地将汉字区分出来，不会把汉字与图画书中的其他元素混合。其次，幼儿能够认识到每一个汉字都有自己独特的发音，即"一字一音"，这也是幼儿将口头语言与书面语言进行对应的过程。最后，幼儿能够初步识别汉字的构成，如偏旁部首、字形结构等。

（3）成熟阶段。幼儿能够理解汉字之间的间隔，书写是随意地进行涂写。幼儿能够认知汉字的空间布局即字体上的笔画，包括笔画的数量与长短。

3. 主动进行创意书写

幼儿各项书写技能的发展还不太成熟，幼儿对汉字符号的掌握也十分有限，因此，幼儿的书写能够较为全面地

图 3-14　幼儿在进行简单的前书写活动

发挥幼儿的创造性，具体表现为幼儿基于自己的生活经验与书写经验，对自己想要表达的内容进行创意性的描绘（如图3-14所示）。

幼儿创意书写能力的发展主要经过以下三个阶段：

（1）萌芽阶段。幼儿通过对成人进行模仿，主动借助图画来表达自己的思想，这种表达形式完全区别于成人的书写，是幼儿阶段独特的一种表达形式。在这一过程中，幼儿是完全自主的，基于自己的已有经验进行创造式表达。

幼儿在这一阶段的表达总体来说较为简单，他们会使用一些简单的符号来表达自己想要表达的内容，但幼儿能够清楚自己涂写的含义。

（2）形成阶段。幼儿能够运用较为复杂的符号或者具有文字特征的图案进行记录。在这一阶段，幼儿会选择与自己生活经验相关的符号来代表自己想要表达的内容。

总体来说，幼儿记录的表象为一些较为简单粗略的图案，但能够具有一些物品的典型特征。例如，幼儿在记录小鸟时，会着重记录它会飞的特征。

（3）成熟阶段。幼儿能够运用较为简单的带有字形特征的符号表达自己想要表达的事物。在这一阶段，幼儿已经掌握文字的一些核心要素，能够运用一些简单的文字符号表达自己内心的想法。

（二）促进幼儿前书写的支持策略

幼儿前书写能力的发展是幼儿语言能力发展的重要组成部分，是幼儿书面语言能力形成的奠基阶段。因此，教师必须重视幼儿前书写能力的培养，帮助幼儿积累前书写的初步经验。以下为提升幼儿前书写能力的有效举措：

1. 书写活动生活化，激发幼儿兴趣

教师在真实生活情境下组织幼儿进行前书写活动，有益于丰富幼儿前书写的经验。因此，教师在组织幼儿进行前书写活动时，应该注重融合幼儿一日生活的内容，鼓励幼儿进行自主表达，激发幼儿参与前书写活动的兴趣。

（1）记录。记录是幼儿一日生活活动中常见的学习方式，具体来说，包括幼儿对植物生长的记录、对购物清单的列举、对游览景点的描绘等。教师组织幼儿采取正确的方式对活动的内容进行记录，不仅能够帮助幼儿记忆，也丰富了幼儿前书写的经验。在这一过程中，教师应注重给予幼儿自主记录的机会，帮助幼儿整理思路，促使记录活动更好地展开。

（2）日记。幼儿阶段，个体有通过书写表达自己内心想法的愿望，教师应该为幼儿的这一想法提供支持与帮助。幼儿记日记的过程也是幼儿将自己所掌握的内容进行主动输出的过程，这将促使幼儿在自主书写中不断完善自己的表达。这一过程不仅锻炼了幼儿书写的技能，丰富了幼儿前书写的经验，也能够使个体的情感得到表达与疏解。

（3）贺卡。幼儿在社会性发展的过程中逐渐萌发表达情感的需要，表达方式包括语言、贺卡、写信等方式。这时，教师应根据幼儿的需要，组织幼儿学习如何进行贺卡与书信的书写，这对于幼儿来说，既丰富了前书写的经验，也满足了与人交往的需求。

2. 发展精细动作，提升幼儿能力

幼儿小肌肉动作的发展往往晚于大肌肉，然而前书写活动需要幼儿的小肌肉动作有一定发展，因此，教师要在日常生活中给予幼儿锻炼的机会，提高幼儿手部肌肉的灵活性。教师要在一日生活中给予幼儿锻炼的机会，包括鼓励幼儿自主使用餐具、自己系扣子等。此外，教师要有意识地开展能够锻炼手部动作的游戏活动，包括折纸、捏橡皮泥等有益于幼儿手部精细动作发展的活动，在各项活动中提升幼儿的手眼协调能力。

3. 创设适宜环境，提供书写准备

充足且有准备的书写活动是幼儿开展书写活动的前提。《指南》指出："教师应准备供幼儿随时取放的纸、笔等材料，利用沙地、树枝等自然材料，满足幼儿自由涂画的需要。"

基于此，幼儿园和家庭要为幼儿提供充足的书写材料，满足幼儿前书写活动的物质需求。在幼儿园的教育教学实践过程中，教师可在图书区、沙盘区投入材料，为幼儿前书写活动提 供充足的资源，以保障幼儿前书写活动顺利开展（如图3-15所示）。

图 3-15　图书区阅读材料的投放

4. 进行正确示范，积累书写经验

幼儿阶段的学习经验，主要是通过观察与模仿习得的。教养者正确的示范能够帮助幼儿形成良好的前书写习惯。

例如，教养者在书写时的坐姿、教养者的握笔姿势、教养者的书写习惯，这些表现都会潜移默化地对幼儿产生影响。因此，在组织幼儿进行前书写活动时，教养者要进行正确的示范，组织幼儿在认真观察的过程中习得前书写的经验。

5. 挖掘利用家庭教育资源，形成教育合力

幼儿园教育和家庭教育的协同合作是推进前书写活动的有效策略。教师应充分运用家庭资源共同致力于幼儿良好书写习惯的培养。教师应该对家长采取合作、引导的态度，与家长保持密切联系，充分利用家长会、家园联系栏、家长开放日等方式向他们宣传正确的幼儿前书写的教育理念和教育方法。

同时，家长也要注意为幼儿更好地积累前书写经验创造机会与条件。家长和教师形成合力，共同促进幼儿前书写能力的发展。

学以致用

通过学习我们可以知道，幼儿的书写不是一种正式的书写活动，而是前书写的经验学习，是幼儿在正式写字之前，根据环境中习得的书面语言知识，使用图画、涂写等像字而非字的符号来传递信息、表达情感、与周围世界进行互动和交流的游戏与学习活动。

让幼儿过早学习写字，这实际上是一种揠苗助长的行为，无疑与科学的幼小衔接教育理念背道而驰，会给幼儿带来一些不良影响，如影响幼儿的骨骼发育，使得幼儿产生畏难心理，造成近视等。

所以成人应采用科学、符合幼儿身心发展规律的教育方法，有效促进幼儿的前书写能力的发展，有目的、有计划培养幼儿的前书写能力以及与书写有关的态度、情感和行为等，促进幼儿前书写经验的积累。

活动案例

培养幼儿早期阅读能力发展的游戏（3～6岁）

游戏一：认识页码

创设"看数字翻书"游戏，要求幼儿依据家长出示的数字卡片，迅速找到书的对应页码。

游戏二：认识图片

创设"看图片翻书"的游戏，要求幼儿根据家长出示的图片迅速找到书的对应位置，并进行阅读，提高幼儿阅读的注意力及速度。

游戏三：认识内容

要求幼儿依据家长指定的内容找到书中的对应位置，比如在阅读《爸爸去哪儿》这一内容，家长发出口令"爸爸在……"，或"我在……"，要求幼儿迅速翻书，找到书里所对应的位置。

游戏四：说一说

要求幼儿向家长讲述自己看到的故事，如《火龙爸爸戒烟记》中爸爸为什么要戒烟，他戒烟中发生了哪些故事等。

游戏五：演一演

选取简单的故事，要求幼儿扮演其中角色，以此引发幼儿对阅读的浓厚兴趣，增强阅读的欲望。比如，在阅读《爸爸和我一起玩》后，可依据文本内容，创设"娃娃家"游戏活动，家长与幼儿分别扮演爸爸和我两种角色，进行表演。

游戏六：听一听

通过向幼儿播放故事音频，让他们听故事，在锻炼"听"的能力中了解文本内容，培养阅读能力。家长给幼儿播放一段音频，让幼儿猜一猜这是什么故事，故事中的谁在说话，或是什么动物在叫，最后说出故事情节。

游戏七：画一画。

给幼儿绘画工具，根据需要和发展水平，通过拓印、拼画等方式画出自己读过的绘本故事的画面，也可通过自由涂鸦的方式来画出幼儿自己对作品内容的理解或想象。

游戏八：讲一讲。

针对幼儿阅读习惯差、监护人阅读能力比较薄弱及寄养、隔代抚养的家庭，鼓励监护人实施"睡前讲故事"，要求监护人每天睡前为幼儿讲两个故事，或通过播放音频，让幼儿听10分钟故事，培养幼儿听故事的兴趣，随着倾听能力的不断提高，逐步过渡到监护人与孩子共读，再到幼儿自主阅读。

游戏九：比一比。

家长与幼儿进行讲故事比赛，请另一位家长担任裁判，为竞赛的家长及幼儿打分。在此环节要对幼儿构建鼓励性评价方法，裁判要指出幼儿讲得最好的地方，比如，"普通话很好""情节很完整"，并用"很棒""你可以的"等激励性语言树立幼儿自信心。竞赛结束，给幼儿发放小礼物，以示鼓励。

游戏十：阅读小老师。

让幼儿担任阅读"小老师"，教爷爷奶奶读书，或当一群同龄幼儿在一起的时候，尝试给同伴讲故事。

知识拓展

皮亚杰关于幼儿语音模仿发展的研究

皮亚杰在研究幼儿模仿时，涉及了语音模仿的发展。他认为，模仿不是天生的本能活动，是习得的。他在描述幼儿2岁前智力发展阶段时，谈及语音模仿的发展过程，总结幼儿2岁前各阶段模仿发展的特点如下：

1.第一阶段（0～1月）：哭

哭是对外界刺激的反射，不是模仿。这个阶段还没有模仿。

2.第二阶段（2个月）：偶发性的单个模仿

偶发性的单个模仿是模仿的第一阶段，从幼儿出生的第二个月开始。其特点是发声传染、相互模仿、偶发性模仿。

3.第三阶段（4～5个月）：开始系统地模仿

这个阶段的幼儿能模仿那些他自己自发地能发出的声音。他们喜欢重复，要把听到的声音继续下去，但还不能模仿新的发音。他们听到新的声音时不作声，或发出自己原来会发的音。对于那些他不能清楚发出的音节，不去模仿。

4.第四阶段（8～9个月）：能够模仿新的发音动作

皮亚杰发现，在这一阶段如果幼儿在动嘴，成人去模仿他，他立即停止该动作，别人停止这种动作，他却又开始去动，如此反复数次。这一阶段和上一阶段的区别在于：1小时后，幼儿会自行模仿。这个阶段，幼儿会非常注意看别人的嘴巴是如何动作的，然后较为大胆一些，似乎是要试试这种动作的效果。1岁后，幼儿已开始系统地模仿发音，看见别人发音的动作会立即进行动作，即系统地顺应，不再是"试试看"了。

 知识巩固

一、选择题

1.幼儿的"词语爆炸期"处于（　　）。

A．1～1.5岁　　　　B．1.5～2岁　　　　C．2～3岁　　　　D．3～6岁

2.幼儿词汇的发展特点为（　　）。

A．词量增长　　　　B．词类增多　　　　C．名词最先掌握　　　　D．词义理解加深

3.幼儿语音的发展包括（　　）。

A．简单发音阶段　　　　B．喃喃语阶段　　　　C．连续音节阶段　　　　D．学话萌芽阶段

4.幼儿的语言准备期在（　　）。

A．0～1岁　　　　B．0～1.5岁　　　　C．0～2岁　　　　D．2～3岁

5.书面语言的类型包括（　　）。

A．倾听　　　　B．表达　　　　C．认字　　　　D．阅读

二、简答题

1. 语言和言语之间的区别与联系是什么？

2. 语言在幼儿身心发展中的作用有哪些？

3. 幼儿早期语法的发展特点是什么？

4. 怎样促进幼儿口语表达能力的良好发展？

5. 如何促进幼儿早期阅读能力的良好发展？

三、案例分析

1. 4岁的西西很喜欢看书，每当他拿起一本书时，就会自己一个人喃喃自语，有时会主动把书里的内容讲给家人听，每次的故事分享活动都让西西有满满的成就感。

思考：如果你是西西的家人，你该从哪些方面来支持西西的阅读活动呢？

2. 两岁半的豆豆不与同伴说话，也不交往，在游戏中爱玩玩具，但只限于自己的玩具，户外活动时只和姥姥交流，拒绝其他小朋友接近他，大人与他讲话时，他全程低头或躲避眼神，得到赞扬时他会偷着微笑。

思考：请你分析一下豆豆不喜欢交流的原因，如果你是豆豆的家人，你会用什么方法来支持豆豆的语言发展？

单元四　幼儿早期认知发展与学习支持

✔ 单元导读

　　幼儿自出生起，认知的发展就没有停歇，早期的学习积累将预示并影响他们未来的发展。幼儿早期的认知发展对幼儿未来的成长具有重要作用。本单元介绍了幼儿早期认知发展包含的具体内容以及每一项对学习支持的重要性，具体阐述了幼儿注意力、感知力、记忆、想象、思维的基本概念及影响因素、发展的支持策略等。

⊙ 学习目标

　　1.了解幼儿早期认知发展的含义和理论要点。
　　2.初步掌握促进幼儿认知发展的理论要点。
　　3.通过引用我国优秀民间故事，了解幼儿注意力、感知力、记忆、想象、思维的基本概念。
　　4.通过诠释我国优秀古典故事，知晓幼儿注意力、感知力、记忆、想象、思维的支持策略。
　　5.初步具备促进幼儿认知发展的能力。

任务一　幼儿早期注意发生发展与学习支持

⬇ 情境导入

　　小朋友们正津津有味地听老师讲故事，突然从外面进来一位其他班级的老师找东西，小朋友们的眼睛顿时齐刷刷地转向这位老师，而此时老师讲的是什么他们就没有听进去了。

　　思考：小朋友们为什么会这样呢？老师该怎么办呢？

知识锦囊

一、注意的概念

注意是一种心理状态，是指心理活动对一定对象的指向和集中。例如，一个人认真听故事，仔细观察图片，专心画画等，这里的"认真""仔细"和"专心"都是注意的表现。

《指南》关于幼儿认知与发展的基本目标和教育建议

"注意"可使幼儿不断地从环境中接收信息，并能发觉环境的变化，调节自己的行为，保证活动的顺利进行。

二、注意的基本特点

（一）指向性

注意的对象既可以是外部事物，也可以是人自身的内部状态。人们在清醒状态时，每一瞬间都会有大量的事物作用于人的感官；但是，人们不可能同时对众多的事物都加以反应，而是选择少数事物加以注意而离开其他事物，这就是注意的指向性。

（二）集中性

注意不仅使人的心理活动有选择性地指向一定事物，而且还会全神贯注地将注意集中在所选定的对象上，确保所选定的对象在头脑中获得完整而清晰的反映，这就是注意的集中性。如图4-1所示，一名幼儿被模拟航天器上的按钮吸引，便集中注意力在按钮上。

图 4-1　幼儿集中注意力在模拟航天器的按钮上

同时，注意不是独立的心理过程，它总是在感知、记忆、想象、思维等心理过程中表现出来。

三、无意注意和有意注意

（一）无意注意

无意注意也称不随意注意，它既没有预定的目的，也不需要意志的努力，也就是人们常说的"不经意"。

例如，幼儿正在听教师讲故事，教室外突然有人大声说话，这时幼儿自然会将视线转向室外，这就是无意注意。无意注意是被动的，是对环境变化的应答性反应。

引起人的无意注意有两方面原因：

一是刺激物本身的特点，主要指刺激物的绝对强度和相对强度、刺激物之间的对比关系、刺激物的活动和变化，以及刺激物的新异性。如巨大的雷声、鸡群中的"鹤"、忽明忽暗的光线等事物容易引起人们的注意。

二是人的主观状态。同样一个刺激物，未必能引起所有人的注意，这就与人的主观状态有密切的关系。凡是能满足人的物质或精神需要的，以及人们感兴趣的事物，都容易成为注意的对象。例如，有人在路边下棋，有些行人（棋迷）会停下来长时间地观战，而有些行人却匆匆而过。此外，无意注意也和个人的经验、情绪、对事物的理解以及机体状态有关。

无意注意可以帮助人们对新异事物进行定向，使人们清晰认识事物，获得一些计划外的知识经验，但也有干扰人们正在进行的活动的消极作用。

（二）有意注意

有预定的目的，还需要意志努力的注意叫有意注意，就是人们常说的"刻意"。例如，学生为了达成自己的目标，尽管对某些学科不感兴趣或学习起来比较吃力，但仍能克服重重困难，坚持认真努力地学习，这就是有意注意。如图4-2所示，幼儿在科技馆观察动物标本，这是有意注意。

图4-2　幼儿在科技馆观察动物标本

有意注意受人的意识调节和支配，是人类特有的注意形式，与无意注意有着质的不同。

首先，引起和保持有意注意的首要条件是，需要有明确的活动目的和任务。个体对活动的目的越明确、理解越深刻，有意注意就越容易被引起和维持。

其次，需要具备良好的意志品质。有意注意是需要意志努力来维持的注意，因此，它与人的意志品质有着密切联系。

意志坚强的人能主动调节自己的注意，使注意服从于活动的目的和任务；意志薄弱者则很难排除来自环境和自身的干扰，因而也就不可能很好地保持自己的有意注意。

最后，组织的活动是否合理以及主体对活动的结果是否感兴趣，也是影响有意注意的因素。

在人们的活动中，如果只有无意注意相伴的话，活动就难以坚持和深入；如果只有有意注意参与的话，又容易使人感到枯燥乏味和疲劳，投入的程度不高。

所以，在活动中只有将两种注意交替运用、相互配合，人们才能主动积极地投入活动，使活动达到最佳效果。

四、注意的品质

（一）注意的稳定性

注意的稳定性是指注意较长时间地保持在某一对象或某种活动上。如图4-3所示，幼儿认真地填写记录单，对记录单保持稳定的注意。

图4-3　幼儿认真地填写记录单

注意的稳定性与注意对象的特点和主体的主观状态都有关系。

注意对象是活动的、丰富多彩的、能满足主体需要的、感兴趣的，注意就容易稳定；反之，注意就难以长久地保持。但注意的稳定并不意味着注意始终指向同一对象。

为了完成一项活动任务，有时需要注意不同的对象，但活动的总方向始终不变。学生在课堂上，注意总是随着教师的板书、讲解、提问、演示等活动不断变化，这也是注意稳定性的表现。

（二）注意的广度

注意的广度是指同一瞬间所把握的对象的数量。比如，"一目十行"指的就是注意的广度。

注意的广度有一定的生理制约性，在1/20秒的时间内，成人一般能注意到4~6个相互之间没有联系的对象，幼儿则只能注意到2~4个。

注意的广度还取决于注意对象的特点以及主体的知识经验。当注意的对象形态相似、排列整齐、颜色大小相同、能成为互相联系的整体，注意者的知识经验丰富，注意的范围就大些；反之，注意的范围就小些。例如，游戏区有8根散乱的彩色小棒，幼儿不容易握住；如果4根为一组，整齐地排成两排，幼儿就容易握住。

（三）注意的分配

注意的分配是指在同一时间内将注意集中到两种或两种以上的不同活动。例如，在音乐活动中，教师一边弹琴，一边唱歌，还要观察幼儿的表现，这就是注意的分配。注意能否分配还取决于以下两个方面：

首先，取决于技巧的熟练程度。即在同时进行的几项活动中，只有一种是不熟悉的，其余的活动技巧已经非常熟练，甚至达到自动化的程度。例如，学生上课边听边记，这时的注意主要集中在听上，书写熟练的汉字就无须冥思苦想，稍加留意即可。

其次，有赖于同时进行的几种活动之间的关系。如果它们有内在联系，注意的分配就要容易些；反之，则比较困难。比如，边唱歌边跳舞时，如果跳的动作与唱的词意吻合，注意分配就能顺利进行。

（四）注意的转移

注意的转移是指根据任务主动、及时地把注意从一个对象转换到另一对象上。注意的转移可以发生在同一活动的不同对象间，例如，作家在写作时，一会儿凝神思索，一会儿奋笔疾书。

注意的转移也可以发生在不同活动间。注意转移的快慢、难易，取决于原来注意的强度和新注意对象的性质。如果原来注意的紧张度高或新注意的对象不符合主体的需要和兴趣，注意的转移就困难而缓慢；反之，就容易且迅速。

此外，注意的转移与神经过程的灵活性有关。神经过程灵活的人，其注意容易转移。

注意的转移与注意的分散是不同的。注意的转移是根据任务的需要，主动地转换注意的对象；注意的分散就是被无关的刺激所干扰和吸引，注意不能保持在应该注意的对象或活动上。

因此，注意的转移是主动的，是注意灵活性的表现；注意的分散则是被动的，是注意不稳定的表现。

五、注意的发展

在教育影响下，幼儿注意的品质随着年龄的增长而不断发展，表现为：注意的稳定性不断提高、注意的范围不断扩大、注意的分配能力不断增强、注意的转移能力不断发展。

（一）注意的稳定性不断提高

1. 注意的稳定性存在年龄差异

有研究报告指出，1岁的幼儿注视一个玩具的时间仅能维持2秒，2岁时能集中注意力于一个玩具达8秒以上。3～4岁的幼儿能集中注意3～5分钟；4～5岁的幼儿能集中注意达10分钟左右；5～6岁幼儿可延长到15分钟左右。幼儿注意的稳定性随年龄增长而不断提高。

2. 注意的稳定性存在性别差异

在幼儿阶段，女童的注意稳定性高于男童；在小学阶段，女性儿童的注意稳定性高于男性儿童；在初中阶段，同龄女生的注意稳定性显著高于男生。由此可见，从幼儿起至初中，各年龄阶段的女生注意的稳定性均高于男生。

但总的来说，幼儿注意的稳定性还比较差，难以持久地、稳定地进行有意注意。因此，教师在教学活动中，教学内容应避免过难或过浅；教学方法要多样化；不同年龄段幼儿活动的时间应当长短有别。

（二）注意的范围不断扩大

幼儿视觉注意的范围比较小。不过，随着年龄的增长，注意的范围逐渐扩大。但总体看来，幼儿注意的范围还是比较狭小。所以，教师制作的图片，内容应该简单，突出中心（特别是小班）；不能同时出现数目较多的刺激物（如挂图或教具），排列不可杂乱无章，应符合一定的规律。

（三）注意的分配能力不断增强

由于幼儿掌握的熟练动作较少，注意在进行分配的时候常常顾此失彼，比较困难。

例如，做操时，3岁的幼儿关注手上动作的同时就无法兼顾到脚的动作；5～6岁的幼儿则可以在关注手、脚动作的同时，还能注意保持体操队形的整齐。由此可见，幼儿注意的分配能力不断增强。

因此，教师和家长应创造机会和提供条件，让幼儿在各种活动中掌握更多的熟练动作与技能，以提高他们注意的分配能力。

（四）注意的转移能力不断发展

幼儿的注意转移不够灵活。年龄小的幼儿在应注意另一对象时，一般还会沉浸在原来的对象中难以离开。

例如，3～4岁的幼儿听完有趣的故事后会一直沉浸在故事情节中，对教师组织的下一个活动便心不在焉，而是继续询问与故事有关的话题。但是，随着活动目的性的增强和言语调节机能的发展，5～6岁的幼儿则逐渐学会根据活动任务的需要调动自己的注意。

基于此，教师组织活动时应注意：在活动之初，尽量用猜谜、活动的教具等有吸引力的方式，将幼儿的注意转移到当前的活动中来；活动中，用语言帮助幼儿明确活动目的或任务，以便他们能根据目的任务的需要主动转移注意。

六、如何培养幼儿注意品质

（一）创造良好的环境

幼儿园为幼儿创设整洁舒适的环境，帮助幼儿形成良好的注意品质，如图4-4所示。

图 4-4　整洁舒适的环境有助于幼儿形成良好的注意品质

（1）为幼儿提供一个布置得整洁优美的环境。

（2）玩具、教具配置应适宜，出示应适时。教具、玩具不宜繁多，且不用或用后都要藏起来，切忌摆在显眼的位置。

（3）教师的衣着应恰当，不要过于花哨和新潮，以免分散幼儿的注意。

（4）供幼儿自由选择的游戏种类，以四五种不同的游戏为宜。另外，教学活动中对个别注意力不集中的幼儿，最好采用暗示的方式，以免影响其他幼儿。

（二）培养稳定的兴趣

（1）成人应发现并尊重幼儿的兴趣。应观察幼儿在日常生活和游戏中的表现，捕捉他们的兴趣点。例如，一名5岁的幼儿对汽车特别感兴趣，家里的玩具全是汽车，谈论的话题也是汽车，无论在哪里看到汽车，他都会去关注。

又如，一位小女孩特别喜欢画画，想画画时不管在什么环境，她都能入神地画起来，甚至衣服、地面、墙壁、床单、被套等都会成为她的画纸。

成人应对这些现象加以重视，予以指导，幼儿的兴趣只要是积极的，成人都应予以尊重。

（2）运用鼓励和表扬，巩固其兴趣。幼儿年龄小，兴趣不稳定，容易受外界的影响。成人在日常生活中要注意观察幼儿在兴趣方面的进步，如喜欢汽车的幼儿，今天提了一个新问题；喜欢画画的幼儿，今天画的线条比昨天的更流畅。教师应对幼儿的这些点滴进步及时给予鼓励和表扬，这将是幼儿坚持兴趣的良好方法。

（三）明确活动目的和要求

幼儿在活动中常常因为不明确该干什么而左顾右盼，注意力分散，从而不能积极地从事活动。

比如，家长带幼儿外出散步时，仅提出"你来看看这棵树"，幼儿就常会因要求笼统模糊而不明白自己需要观察什么以及怎样观察，从而导致注意的时间短而且不稳定。

因此，在活动中成人应向幼儿提出明确而具体的要求，如"你来看看这棵树，树干是怎样的？树叶像什么？每片树叶的颜色一样吗"等一些具体的要求，这样，幼儿注意的时间才会持久。

（四）开展丰富的游戏活动

游戏是幼儿最喜爱的活动形式，能激发他们快乐的情绪，能使他们的心理活动处于积极状态。游戏是培养幼儿注意力的最佳途径。

通过游戏还能训练幼儿注意的分配和转移能力。比如，在占椅子的游戏中，幼儿需要一边随音乐节奏绕着椅子跑，一边还需盯着椅子，同时还要监督同伴是否违规等。游戏还能训练幼儿注意事物的广度。

（五）针对个体差异，进行个别培养

幼儿的注意有明显的个体差异。面对活泼好动、注意力难以稳定和集中的幼儿，成人可以多给他们安排一些下棋、串珠子、编织、拼图等安静的活动，以培养他们长时间地集中注意力、耐心地做一件事的习惯（如图4-5所示）；也可以在游戏中安排他们扮演交警、医生等角色，并按照角色的职责要求他们。这样，既有利于培养幼儿注意的稳定性，又能提高他们的自控能力。

图 4-5　利用串珠子游戏培养幼儿注意力

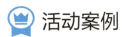

在情境导入中，进来的老师干扰了小朋友们现在进行的活动，小朋友们注意分散了。注意分散就是被无关的刺激所干扰和吸引，注意不能保持在应该注意的对象或活动上。

一方面进来找东西的老师应该悄悄地，尽量不要打扰到小朋友们，另一方面组织活动的老师应尽量选择小朋友们感兴趣的内容，小朋友们的注意会更持久在活动中，被活动吸引，而不容易注意分散。

🏅 活动案例

案例一：锻炼幼儿注意力的游戏活动（0～3岁）

游戏名称：听声音猜乐器

游戏内容：先给幼儿展示三种小乐器，如小鼓、小喇叭、口琴，并分别演奏，让幼儿熟悉它们的发音特点。然后蒙住幼儿的眼睛，弹奏一种乐器，让幼儿猜猜是哪种乐器。对于还不太会说话的幼儿，就让他指认；大一些的幼儿就可以直接说出乐器名。乐器的种类可以随着幼儿年龄增长而增加。

游戏作用：几乎所有的幼儿都对音乐有种与生俱来的敏感性。早期对幼儿进行音乐训练，无论是对其智能发展还是性情发展都有潜移默化的作用。此游戏需要幼儿专心投入才能准确猜出，所以很锻炼幼儿的注意力。

案例二：锻炼幼儿注意力的游戏活动（3～6岁）

游戏一：传悄悄话

游戏玩法：根据班级的实际情况，用悄悄话的形式对幼儿陈述一个事实，然后让他用同样的形式告诉后排的幼儿。比如"冰箱里有西瓜和苹果，没有饮料"等，事后可以检查正确率。一旦幼儿顺利完成了任务，可以适当予以奖励。

游戏二：串珠子

游戏玩法：用线将珠子串在一起，开始玩的时候不要放太多的珠子，不然耗时过长，幼儿会产生挫折感。对幼儿来说，将线穿过珠子的孔是不太容易的事！

游戏三：神枪手

游戏玩法：教师念以下词语，幼儿听到水果拍一下手，听到其他的就转一圈。教师发布指令后，幼儿及时做出反应，教师根据幼儿的表现调整语速，每隔两秒念一个词。通过此项训练，可以锻炼幼儿的听动协调能力，提高幼儿的听课效率。在训练过程中，教师的指令应清晰明确，要求幼儿迅速做出反应。

例如：

①苹果、杯子、帽子、电灯、西瓜、眼睛、桃子、牙刷、手表。

②葡萄、小鸡、书包、橘子、草莓、爸爸、芒果、鞋子、电视。

③大海、白云、贝壳、鲤鱼、兔子、香蕉、火车、电话、袜子。

任务二　幼儿早期感知觉发生发展与学习支持

情境导入

小麦和小兜二人约定周日上午10时在老地点见面，一同游玩。小麦准时到达相约地点，而小兜在路上偶遇了一位故友，寒暄了一阵，待赶到约定地点时，已经迟到半小时了。小兜说："不好意思，迟到了一会儿。"小麦抱怨道："我等了老半天，腿都站酸了！"小兜说："我晚到最多不超过10分钟。"小麦说："我等了你最起码1个小时。"

思考：实际上的时间是半小时，而小兜的感受是迟到最多不超过10分钟，小麦的估计是最起码等了1小时。为什么会产生这种现象呢？

知识锦囊

一、什么是感觉

在现实生活中存在的客观事物总是具有一定的属性，如颜色、形状、声音、气味、味道、软硬、温度等，我们用眼睛看颜色、形状，用耳朵听声音，用鼻子闻气味，用嘴巴尝味道、用手摸软硬和温度等，都是感觉。如图4-6所示，一名幼儿正在对青铜器造型的模型进行材质感知。

图4-6　幼儿进行材质感知

感觉是最基础、最简单的心理现象，是人全部心理现象的基础。如果没有感觉，人的大脑就无法认识和反映客观事物，意识也就无法产生。

二、感觉的规律

（一）感觉的适应

感觉的适应是由于刺激物对感受器的持续作用，而使感受性发生变化的现象。适应有时表现为感受性的提高，如暗适应；有时表现为感受性的降低，如明适应；还可表现为感受性的消失，如古话所说的"如入芝兰之室久而不闻其香，如入鲍鱼之肆久而不闻其臭"。

教师在组织幼儿活动时，要注意运用感觉的适应规律。

成人在带领幼儿进入光线较暗的场所，如电影院、幻灯室或暗室时，要稍作停留，待幼儿的视觉适应了再进行下一步行动。同时，由于暗适应可使幼儿在较暗的光线下也能看图识字，所以成人要注意及时将幼儿领到光线明亮处或开灯，以保护他们的视力。

（二）感觉的对比

对比规律主要运用于事物的颜色、大小、长短、粗细等方面。教师在为幼儿制作教具或布置活动室时，要注意运用对比规律。例如，白底的贴绒教具上面粘贴黑色的图形便很突出。

一名幼儿对泡棉纸、不织布等材料进行感觉对比，如图4-7所示。

图 4-7　幼儿进行感觉对比

（三）联觉现象

对一种感官的刺激作用触发另一种感觉的现象，在心理学上被称为联觉现象。

颜色感觉最容易产生联觉。例如，色觉与温度联觉，红、橙、黄色会使人感到温暖，所以这些颜色被称作暖色；蓝、青、绿色会使人感到寒冷，因此这些颜色被称作冷色。

另外，还有色听联觉，如微光刺激可提高听觉的感受性，而强光刺激则会降低听觉的感受性，而强烈的噪声可使视觉的差别感受性显著降低。

同时，听觉还可引起皮肤觉、内部感觉，如刀子划玻璃的声音可引起人起鸡皮疙瘩或产生心悸。

教师可以有效利用联觉现象，如巧妙运用色彩，为幼儿营造温馨的生活环境；上课时说话轻声细语，忌高声大叫，以免影响幼儿的听觉感受性。

（四）感受性的训练

个体感受性的根本性提高，与人的实践活动和训练有密切关系。

盲人的听觉和触觉特别发达，而聋哑人的视觉通常会特别敏锐，这是他们后天在生活实践中经过长期锻炼慢慢发展起来的能力。

教师要重视通过活动有意识地训练和提高幼儿的感觉能力，如：通过观察和绘画活动发展幼儿的视觉能力；通过音乐、朗读活动发展幼儿的听觉能力；通过手工、泥工发展幼儿的触觉能力；通过舞蹈、体育活动等发展幼儿的运动觉、平衡觉能力。

三、什么是知觉

知觉的种类很多，根据知觉过程中起主导作用的感觉器官分类，知觉可分为视知觉、听知觉、嗅知觉、味知觉和触知觉。

知觉是人脑对直接作用于感觉器官的客观事物的各个部分和属性的整体反映。

知觉在感觉的基础上产生，一方面，没有感觉对事物个别属性的反映，就不可能有在头脑中的综合反映；另一方面，事物总是以整体的形式存在，人们在反映事物的时候也是以整体的形式来反映的。

离开了知觉的孤立的、纯粹的感觉很少，因此我们往往把感觉和知觉统称感知觉。

四、知觉规律

（一）知觉的选择性

人在众多的事物中根据需要选择少数事物作为知觉的对象，对这些事物知觉得格外清晰，这种现象就叫作知觉的选择性。知觉的对象是感知的中心，知觉的背景则是衬托的部分。

影响知觉选择性的主要因素有以下几点：

（1）知觉对象与背景的差别。

（2）知觉对象的活动性。

（3）知觉对象的特征。

（二）知觉的整体性

知觉对象由许多不同特征的部分构成，但是在知觉过程中人们不是孤立地反映刺激物的个别特性和属性，而是将多个个别属性有机地综合在一起，反映事物的整体和关系，这种特性被称为知觉的整体性。如一首歌的歌词和旋律是歌曲的关键部分，所以无论是谁唱、怎样唱，我们都会把它知觉为同一首歌。

（三）知觉的理解性

人在知觉过程中是以过去的知识经验为依据，力求对知觉对象作出某种解释，使它具有一定的意义，知觉的这种特性就是知觉的理解性。

一方面，知觉的理解性是以知识经验为基础的。有关知识经验越丰富，对知觉对象的理解就越深刻、越全面，如老中医可通过号脉诊断疾病，资深的汽车修理工可通过听发动机声音判断车的问题。

另一方面，言语对人的知觉具有指导作用。一开始人也许不能很快进行清楚明确的知觉活动，但如果此时有言语的提示，就会很快找到知觉的线索和方向。

（四）知觉的恒常性

当知觉到的条件在一定范围内发生变化时，知觉映像仍然保持相对不变，这就是知觉的恒常性。知觉恒常性现象在视知觉中表现得很明显，包括大小恒常性、形状恒常性、亮度恒常性、颜色恒常性等。正是知觉的恒常性，才能使人在不同条件下准确地认识和把握同一个事物。

五、幼儿空间知觉的发展

空间知觉包括形状知觉、深度知觉、大小知觉和方位知觉。幼儿对物体及空间关系的认识，都不能离开这些知觉。

（一）形状知觉

形状知觉是指对物体的轮廓和边界的整体知觉。如图4-8所示，这类玩具就是便于幼儿知觉形状的玩具。

图 4-8　便于幼儿知觉形状的玩具

从出生后第五六个月起，随着能手眼协调地抓握物体，幼儿开始积极地知觉物体的外形。2~3岁的幼儿对周围经常见到的熟悉物体已能清楚辨认，也能认识简单的图形，如圆形和正方形，但对于复杂图形的知觉还很困难，仍然难以辨别两个相似图形的细微差别。

（二）深度知觉

深度知觉是辨别物体远近距离的知觉。

（三）大小知觉

大小知觉指对物体长短、面积和体积大小的知觉。

（四）方位知觉

方位知觉是对物体在空间所处的位置和方向的知觉。幼儿方位知觉的发展主要表现在对上下、前后、左右方位的辨别上。

幼儿方位知觉的发展趋势一般是：3岁能辨别上下方位；4岁开始能辨别前后方位；5岁开始能以自身为中心辨别左右方位；6岁时能达到完全正确地辨别上、下、前、后四个方向。

六、幼儿时间知觉的发展

幼儿最早主要是依靠生理上的变化产生对时间的条件反射，也就是人们常说的"生物钟"。

例如，生活有规律的幼儿到了吃奶的时候会自己醒来或哭喊，就是幼儿对吃奶时间的条件反射。以后才能逐渐过渡到借助于某种生活经验（生活作息制度、有规律的生活事件等）和环境信息（自然界的变化等）来认识时间。

从3岁开始，幼儿有了一些初步的时间概念，但往往只与他们具体的生活有联系。

4岁左右，幼儿可以理解今天、明天、昨天，也会运用早上、中午、晚上等词语，但对前天、大前天、后天、大后天还不是很理解。

七、培养幼儿观察能力的策略

观察是有目的、有计划、比较持久的知觉，是人们认识世界、获得感性认识的重要途径，是知觉的高级形式。幼儿感知觉的发展水平集中体现在其观察力的发展上，成人应从多方面注意培养。

（一）明确观察目的，正确定位观察内容

在给幼儿提出观察任务的时候，任务描述得越具体，观察目的越明确，观察内容定位得越清晰，观察的效果就越好。要充分发挥成人的语言指导作用，观察前，提出具有启发性的、引

导性的问题；观察中，要适时提供线索和帮助，以便更好地帮助幼儿明确观察目的、定位观察内容、提高观察的稳定性。

（二）激发观察兴趣

由于心理、生理的制约，幼儿在观察事物的时候往往注意力不集中，持续时间较短，这时引发他们的兴趣就尤为重要。有了兴趣，幼儿的观察才能更好地被激发和维持。成人应选择足以引起幼儿兴趣的观察对象，创造丰富多彩的观察环境和条件，引导他们去观察和发现周围的事物。

（三）教给观察的方法

成人应教给幼儿一些观察的方法，让他们学会有目的地、自主全面地、细致地观察事物，常用方法包括以下两种：

1. 顺序法

顺序法是按照事物一定的体系来进行观察的方法。观察可按从远到近、从整体到局部、从局部到整体、从上到下、从明显特征到不明显特征等顺序进行。这样，幼儿在观察及用语言描述观察结果时，就不会出现零乱、重复、遗漏的现象。

2. 比较法

比较法指比较两个或两个以上事物和现象的异同的方法。可让幼儿学习对不同事物进行分析、比较、判断、思考，从而正确、完整地认识事物。

（四）充分调动多种感官参与

成人要充分调动幼儿的眼、耳、鼻、舌、手等多种感官，共同参与观察活动。

学以致用

情境导入中，小麦等人的活动枯燥乏味，而小兜重逢故友，聊天热烈有趣，因此难免会造成两人在时间知觉上的差异。这体现了时间知觉的特点：相对主观性。心理学研究发现，许多因素会影响人们对时间的知觉，例如活动的内容影响着人们对时间的估计。

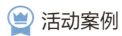 **活动案例**

案例一：锻炼幼儿感知觉游戏（0～3岁）

游戏名称：一起走一走

光脚走路：让幼儿在泥土、沙子、光滑的岩石、水泥地和水盆里走动，与他交流在每种材

料上行走的感受和感觉。室内可采用地毯、浴室脚垫、门垫和泡沫垫等材料。

直线走：让幼儿在一条直线上向前走、再向后走，把两只脚都放在线上。让幼儿踮着脚尖走，尽可能地迈大步并让后面的脚迈过前面的脚。

案例二：锻炼幼儿感知觉游戏（3～6岁）

游戏名称：走步运动

侧行：让幼儿每次向右走一步，把他们的左脚放在右脚上。向左走的时候则将右脚放在左脚上。如果让幼儿围成一个圈或者两个圈，这个活动就会占用更少的空间，就可以在教室里进行。不过，如果排成一个长队，就更容易"跟着排头走"。

鸭子走：幼儿弯曲膝盖、手放在背后；一次向前移动一只脚并保持膝盖弯曲的姿势。

降低难度：用上面的行走方式，鼓励幼儿进行各种尝试，缩短距离。

增加难度：跟幼儿商量新的方式，鼓励他们创造自己的行走方式并给它命名；指出这种行走方式的显著特征，鼓励其他幼儿模仿，让他们说一说每种行走方式的不同感觉，说一说他们能走较长的距离还是走较短的距离，保持平衡是否困难。

任务三　幼儿早期记忆发生发展与学习支持

📥 情境导入

有一项实验让小、中、大班的幼儿识记一则故事，故事可以划分为35个意义单位。在即时回忆时，小班幼儿只能记住9个意义单位，中、大班幼儿可以记住19个意义单位，差别非常明显。

思考：为什么小、中、大班的幼儿识记同一个故事，回忆时能记住的意义单位差异明显？

📗 知识锦囊

一、记忆的概念

记忆是人脑对过去经验的保持和提取。从信息加工的观点来看，就是人脑对外界输入的信息进行编码、存储和提取的过程。

二、记忆的基本过程

记忆是一个从记到忆的过程。这个过程包括识记、保持和回忆三个环节。

识记就是识别和记住事物，是一个反复感知的过程。识记是记忆的第一步，也是记忆的基础。

保持是已经获得的知识经验进一步在头脑中巩固的过程。它是由识记通向再认或再现所必经的环节。

回忆是大脑提取过去经验的过程，是记忆效果的具体体现。回忆包括再认和再现两种方式。

三、幼儿的记忆

（一）新生儿的记忆

新生儿的记忆主要是短时记忆，表现为最初条件反射的建立和对刺激的习惯化。

1.建立条件反射

新生儿记忆的主要表现之一，是对某种条件刺激物形成条件反射。

2.对刺激的习惯化

1岁前幼儿的记忆依赖于与事物接触的频率，即反复多次接触的事物容易被幼儿记住。

（二）学步儿的记忆

1.记忆的遗失

在对幼儿记忆的研究中，有一个"经典性困惑"十分有趣，那就是婴儿期记忆的遗失。婴儿期记忆的遗失也被称为"幼年健忘"，是指幼儿3岁前的记忆一般不能永久保持，以至于人们在成年后对3岁前的经历几乎没有回忆。

2.初步的回忆

1～2岁幼儿的记忆是无意记忆，整个记忆过程都缺乏明确的目的性。2～3岁幼儿表现出明显的回忆能力。2岁幼儿产生了有意识地回忆以前发生过的事件的能力，这一发展显然与幼儿语言能力的发展有密切关系。

（三）3～6岁幼儿的记忆

3～6岁幼儿的记忆和其他心理过程一样，随着年龄的增长而逐渐发展，在识记方式、记忆内容以及记忆策略等方面呈现出这个年龄段的特点。

3岁以前幼儿基本上只有无意识记忆。3岁以后，由于心理水平的有意性较低，记忆的有意性也较低，表现为幼儿的记忆很难服从于一定的目的任务，而更多的是服从于对象的外部特征。

3岁以后，幼儿的无意识记忆占主导地位，表现为幼儿的知识经验大多是在生活和游戏中

无意识、自然而然地记住的，而且无意识记忆的效果随着年龄的增长而逐渐提高。例如，给小、中、大三个班的幼儿讲同一个故事，事先不要求记忆，过了一段时间以后再请他们回忆，结果发现，年龄越大的幼儿，无意识记忆的效果越好。

四、幼儿记忆的特点

（一）有意识记逐渐发展

幼儿的有意识记是在教育影响下逐渐产生的。有意识记是幼儿记忆发展中质的飞跃。有意识记的效果依赖于是否意识到识记的具体任务、活动的动机。在3~6岁这个阶段，无论是机械记忆还是意义记忆，其效果都随着幼儿年龄的增长而有所提高，同时，两种记忆效果的差距也在逐渐缩小。

（二）记忆的精确性差

幼儿的大脑容易兴奋，记得快，忘得也快，同时记忆的精确性较差。

（三）记忆的完整性较差

记忆的完整性是指记忆内容包括了事物的主要属性，没有较大的遗漏。幼儿对感兴趣的事物记忆效果较好，对不感兴趣的事物记忆效果较差。

（四）回忆的错误率高

回忆的错误率是指回忆内容与正确内容之间的差异对比程度的大小。幼儿的神经系统发育尚不完善，对复杂材料的分析还不够精细，非常容易受到暗示、情绪等的影响，并且刚开始识记时就不是十分精确，回忆时自然会出现较多的错误。幼儿的回忆通常是杂乱无章的，表现为脱节、遗漏和顺序颠倒的问题。有关试验显示：小班幼儿记忆句子时，其完整性仅为26%；中班幼儿为43%；大班幼儿为60%。

（五）时常有歪曲事实的现象

幼儿往往把主观臆测的事物当作自己亲身经历过的事情来回忆，这种现象常被人们误认为在说谎。造成上述情况的原因，是幼儿心理发展不成熟，缺乏精细的分析能力，又容易受暗示，加上记忆的时候不求甚解，再现时不会想方设法进行追忆，所以记忆的精确性较差，容易出现不符合事实的情况。

综上所述，幼儿的记忆特点是无意识记忆占优势，有意识记忆逐渐发展；机械识记用得多，意义识记效果好；形象记忆占优势，语词记忆发展快；记忆保持时间逐渐延长，回忆迅速发展以及记忆的精确性较差。

五、增强幼儿记忆的策略

人的一切活动，从简单的认识、行动，到复杂的学习、劳动，都离不开记忆。记忆是人心理活动的仓库，是智力发展的一个重要指标。幼儿记忆的发展直接影响着其他心理因素的发展，所以有目的、有计划地培养和发展幼儿的记忆具有重大意义。

（一）重视大脑的状态，提高记忆的效率

大脑的状态直接影响记忆的效果，为此成人要悉心观察和注意幼儿，为他们创设良好的物质环境和精神环境，提供优质均衡的营养，制定合理的作息制度，保证充足的睡眠。

（二）恰当运用直观形象材料，增强记忆效果

抓住幼儿以无意识记为主的特点，凡是直观形象有趣味，又能引起强烈情绪体验的事和物大多数都能被他们自然而然地记住（如图4-9所示）。

图 4-9　幼儿利用直观材料进行记忆

成人还应尽力为幼儿配以生动活泼、深受其喜爱的游戏与木偶戏等，这样会更好地确保幼儿获得深刻的印象，从而达到提高记忆效果、发展记忆能力的目的。

（三）明确识记目的和任务，激发记忆的愿望和意图

有意识记忆的形成和发展是幼儿记忆发展中最重要的质变。

识记的目的是否明确，直接影响到幼儿记忆的效果。成人应在活动中向幼儿提出具体、明确的记忆任务和识记要求，如在听故事、外出参观、饭后散步时都可给幼儿提出具体的识记要求，以促进幼儿有意识记的发展。如图4-10所示，教师让两名幼儿同时记忆一个地点。

图 4-10　两名幼儿同时记忆一个地点

愿望和意图是记忆的动力。如果幼儿记忆的愿望强烈，意图明确，情绪积极，记忆效果就能增强。为此，成人要创设良好的环境氛围，激发幼儿对识记材料的兴趣和有意识记。同时，对幼儿完成记忆任务的情况给予及时的肯定和赞扬，激发幼儿有意识记的积极性、主动性，这样幼儿识记的效果就会大大提高。

（四）帮助理解识记材料，提高意义识记水平

以理解为基础的意义识记比机械识记全面、迅速、精确和牢固。

实践证明：幼儿对记忆材料理解得越深，记得就越快，保持的时间也就越长。为此，成人在组织活动时，注意要采用多种方法，运用浅显易懂的语言尽量帮助幼儿理解所要识记的材料。

（五）合理组织复习，巩固强化记忆

教师要根据遗忘的规律，合理地组织幼儿进行复习，因为一定的重复和复习不仅是提高记忆效果的重要措施，也是巩固、提高幼儿记忆能力的最佳方法。

一般来讲，教师在引导幼儿复习巩固所学的内容时，不宜采用单调的、长时间的反复刺激，而应该在他们情绪稳定时采用多种有趣的方法进行，可以利用讲故事、念儿歌、猜谜语、歌舞表演、搭积木、做游戏、手工制作以及各种娱乐活动、比赛活动、散步与郊游活动等进行。如图4-11和图4-12所示，采用多种材料帮助幼儿记忆。这样，不仅可以使幼儿在轻松愉快的情绪状况下快速巩固所学知识与技能，还可以激发他们的识记兴趣，提高识记的积极性。

图 4-11　采用多种材料帮助幼儿记忆

图 4-12　丰富材料

学以致用

情境导入中，给小、中、大三个班的幼儿讲同一个故事，事先不要求记忆，过了一段时间以后，要求他们回忆。结果发现，年龄越大的幼儿，无意识记的效果越好。

　　因为3岁以后，幼儿的无意识记忆占主导地位。表现为幼儿的知识经验大多是在生活和游戏中无意识、自然而然地记住的，而且无意识记忆的效果随着年龄的增长而提高，所以年龄越大无意识记忆效果越好，大班幼儿好于中班幼儿，中班幼儿好于小班幼儿。

👑 活动案例

案例一：锻炼幼儿记忆的游戏（0～3岁）

游戏名称：找东西

　　在游戏中让幼儿寻找东西，可以锻炼他的记忆力，丰富其解决问题的经验。如果幼儿从不同途径找到玩具，则他在日后遇到问题时，也能从不同方面找出解决办法。

　　玩法一：给幼儿看一件玩具，然后令他转身背对着玩具，如果幼儿回头找玩具，便搂他一下，给他玩具。

　　玩法二：把幼儿的玩具藏在口袋，只露出一部分，问他知不知道玩具在哪儿。如果幼儿主动把玩具找出来，成人要称赞他。下次可把玩具放在身后或隐蔽处，再让幼儿找出来。

　　玩法三：找个大纸箱，在顶端开一小孔，侧面开一大洞。请幼儿把玩具丢进小孔，再找出来。

　　玩法四：在幼儿把玩多件玩具，趁他没看见时，用大毛巾盖着其中两件玩具，只露出一小部分（小汽车的轮子、洋娃娃的脚），成人问幼儿玩具在哪里，让他找出来。如幼儿一时找不到，成人把毛巾稍稍拉开，再叫他找。还可以藏些幼儿没玩过但见过的玩具，给他提示让他找。

案例二：锻炼幼儿记忆的游戏（3～6岁）

游戏一：画格子

　　教师可以预备一张大方格纸以及一些常见的动物卡片或数字卡片。在第一个格子中摆进4种小动物的卡片或数字卡片，让幼儿仔细观察一会儿后，拿掉卡片，让幼儿动脑筋，帮助这些小动物或数字回到自己的家。若幼儿找到了，再放6张小动物或数字卡片到另一格子上，重复上述步骤。

游戏二：记路标

　　这个办法适合5～6岁的幼儿。去公园时，成人给幼儿介绍周围的标志物，如卖冷饮的商店、售票处、公共汽车站、书报亭等。回家可与幼儿共同合作制成一幅简单的地图，画出标志物。下次再去公园时可带上地图，叫幼儿指出主要标志物。

任务四　幼儿早期想象发生发展与学习支持

情境导入

一个筋斗十万八千里的孙悟空，遥远森林里的蓝精灵和格格巫，还有喜羊羊、灰太狼，以及幼儿会表现出的许多"奇思妙想"。

思考：这些"奇思妙想"都是什么呢？

知识锦囊

一、想象的概念

想象是人脑对已有的表象进行加工改造从而创造新形象的过程。所谓新形象，是指个体从未感知过的事物形象，这种事物形象来源于对头脑中的表象的加工改造。如图4-13所示，幼儿对玩具车模型进行想象。

二、想象的两大特征

形象性和新颖性是想象的两大基本特征。因为想象的原材料——记忆表象来源于客观现实，想象中的新形象无论多么离奇、新颖，我们终究会在客观现实中找到它的原型，所以想象和其他心理过程一样，仍然是对客观现实的反映。

图4-13　幼儿对玩具车模型进行想象

三、幼儿的想象

（一）无意想象占主导地位，有意想象逐渐发展

1. 无意想象占主导地位

无意想象是最简单的、初级的想象。幼儿的想象活动主要属于无意想象，具有以下特点。

（1）想象的目的性不明确。

一是想象主要由外界刺激直接引起。幼儿初期的想象是一种自由联想。这时的想象一般没有主题，也没有预定目的，常常是由于外界刺激而直接引起的。

二是想象的内容零散、无系统。很多时候，幼儿所想象的事物之间不存在有机联系，是散乱的、无系统的自由联想。在幼儿的绘画中常常有这种画面，画了圆圈，又画直线，画了太阳，又画气球和雪花，画了小人儿又画牙刷等，所画事物之间没有任何必然联系，看起来就是一串不系统的自由联想。

三是以想象过程为满足。幼儿的想象往往不追求达到一定目的，只满足于想象进行的过程。小班幼儿常常把小椅子当汽车开，手上做握方向盘开车的动作，嘴里不停地叫着"滴滴滴滴"，至于说开的是什么车、要开到哪里去、去干什么等则不予考虑。

（2）想象的主题不稳定，易受外界干扰而发生变化。幼儿在想象进行的过程中往往容易受外界事物的直接影响，因而想象的方向常常随外界刺激的变化而变化，主要表现为幼儿在活动过程中经常中途改变主意。特别是3~4岁的幼儿，其想象往往不能按一定的目的坚持下去，很容易从一个主题转换到另一个主题。例如：有的幼儿一会儿选择当教师，玩幼儿园的游戏；一会儿又跑去当医生，玩医院的游戏；过一会儿又想起当司机，玩开汽车的游戏。

（3）想象受情绪和兴趣的影响。幼儿初期的想象不仅容易被外界刺激所左右，也容易受个体情绪和兴趣的影响，因此，幼儿的想象过程常表现出很强的兴趣性和情绪性。如"老鹰捉小鸡"的游戏，本应以小鸡被老鹰抓走而告终，可幼儿们同情小鸡，就会产生诸如下面这样的想象：最后鸡妈妈和鸡爸爸赶来，把老鹰赶走了，救回了小鸡。

幼儿的想象虽然以无意想象为主要特征，但有意想象在幼儿期已经开始萌芽。幼儿的有意想象是在无意想象的基础上发展起来的。例如，一个4岁多的男孩说"今天我要画飞机"，于是就开始动笔画起来；画好飞机后，又说"我还要画一只蝌蚪"，于是就画了蝌蚪；之后又要画苹果，画了个圆形以后很开心："苹果、苹果，大苹果！"从这个孩子的绘画过程来看，他的想象基本上还是属于自由联想，无意性很大。但尽管如此，他还是能够先想后画，按照所想的方向进行绘画，说明他的想象已经开始具有一定的目的性。

2. 有意想象逐渐发展

幼儿有意想象的发展主要表现为：

（1）想象具有明确的目的。中班以后，尤其是大班幼儿，能够逐步根据活动的目的和任务，按照成人的要求进行想象活动。如图4-14所示，幼儿在专心想象——这片树叶像什么。

（2）想象的主题逐渐稳定。中班，尤其是大班幼儿，在角色游戏、绘画等活动中，一旦选择了某个角色或决定了某个主题，一般会一直坚持下去，想象的主题趋于稳定。

（3）为了实现主题，能够克服一定的困难。在各种活动中，中班特别是大班幼儿，越来越能够主动排除与活动无关的刺

图4-14　幼儿在专心想象——这片树叶像什么

激的干扰，积极地克服各种困难，将主题坚持到底。

总而言之，与无意想象相比，幼儿有意想象的水平还是很低。如果成人在组织幼儿进行各种有主题的想象活动时能启发他们明确主题，准备相关材料，并在活动过程中适时进行语言提示，都会对幼儿有意想象的发展起到促进作用。

（二）再造想象占主要地位，创造想象开始发展

1. 再造想象占主要地位

（1）想象常常依赖于一定的线索进行。幼儿听故事时，其想象往往随着成人的讲述而展开。如果讲述加上直观的图像，幼儿的想象会进行得更好。

游戏时，幼儿的想象往往也是根据成人的语言指导来进行的，这一点在幼儿初期表现得更突出。例如，幼儿抱着一个娃娃，只是静静地坐着，没有任何想象的成分，这时老师走过来说"咱们给娃娃洗个澡吧"，或者说"娃娃饿了，该吃饭了"，幼儿这才慢慢有了想象。

（2）想象在很大程度上具有复制性和模仿性，缺乏新异性。再造想象是较低发展水平的想象，幼儿的想象往往是复制和模仿生活中的情景或者是熟悉的人，想象和记忆表象的差别很小，基本是记忆表象的简单加工，缺乏新颖性。

2. 创造想象开始发展

幼儿创造想象的发生，表现为能独立地从新的角度对头脑中已有的表象进行加工改造。创造想象发生的主要标志为两方面：一是独立性，表现为想象不是在成人指导下进行的，不是来自重现和模仿，受暗示性少；二是新颖性，表现为已经摆脱原有知觉形象的束缚而成为一个全新的形象。

（三）想象既脱离现实又与现实相混淆

想象既脱离现实又表现为与现实相混淆，是幼儿想象的一个突出特点。

1. 想象脱离现实

想象脱离现实主要表现为幼儿的想象具有特殊的夸张性，幼儿常常夸大事物的某个部分或某种特征。

幼儿非常喜欢听神话故事，就是因为神话中有许多夸张的成分，如孙悟空的一根毫毛就可以变成一根金箍棒，这种神奇的变化简直让幼儿如痴如醉。幼儿自己讲述事情，也喜欢用夸张的说法，如："我家大哥哥力气可大了，天下第一！"他们希望自己的东西比别人强，就不顾事实拼命地去夸大，甚至有时自己也信以为真。

2. 想象与现实相混淆

幼儿的想象常常容易与现实相混淆，表现为幼儿还不能把想象的事物与现实中的事物区分

开来，常常把想象的当成真实的，具体表现在把渴望得到的东西说成已经得到。有的幼儿看到别人有漂亮的会旋转的娃娃、会发出"哒哒哒"响声的冲锋枪等，就特别希望自己也能拥有这样的玩具，于是就会告诉别人自己也有这些玩具，而事实上并没有。

从3岁到6岁，幼儿的想象发展有其自身的特点，且发展速度很快。成人应看到幼儿创造想象的潜在价值。幼儿的创造想象虽处于低水平、低层次，但它却是高水平、高层次创造想象的基础。

四、幼儿想象培养的方法

（一）丰富表象，为想象增加素材

想象虽然是新形象的形成过程，然而这种新形象的产生也是在过去已有的表象基础上加工而成的，表象是想象的基础材料，所以发展和丰富表象对于想象非常重要。而原有表象的丰富与否又取决于感性知识和生活经验的多少，因此，知识和经验的积累是幼儿想象力发展的基础。

（二）发展语言，促进想象的发展

幼儿想象的发展离不开语言活动。幼儿在运用语言表达自己想象的内容时能进一步激发起想象活动，使想象的内容更加具体、鲜活和丰富。

一方面，成人应在各种活动中培养幼儿用丰富、准确、清楚、生动、形象的词语来描绘事物，发展他们的语言表现力；另一方面，成人自己也要具备良好的语言驾驭能力，能情绪饱满、抑扬顿挫、绘声绘色地进行描述和表达，从而有效地激发幼儿展开丰富的想象。

（三）充分利用文学艺术活动，创造想象发展的条件

成人应该给幼儿自由的空间，包括思想上的、行为上的。

不要定格幼儿的思维，同时，成人要给予幼儿积极、正面的反馈，以大大增强他们想象方面的自信心，让他们在审美感知充分积累的同时能乘着想象的翅膀进行自由自在、天马行空的创造。

（四）通过游戏活动，鼓励大胆想象

游戏，特别是创造性游戏是幼儿创造想象发展的重要源泉。

游戏总离不开玩具和游戏材料，它们为幼儿展开想象提供了物质基础，尤其是灵活多变、可塑性强、结构性高的玩具和游戏材料，更容易引起幼儿丰富的联想和幻想，使他们再现过去的经验，激发其创造动机，并使其想象始终处于积极状态。

在游戏活动中，随着扮演的角色和游戏情节的发展变化，幼儿的想象异常活跃，无论是角色扮演，还是游戏情节的发展，都可以使他们充分展开自己的想象。

（五）通过专门训练，提升创造想象的水平

　　幼儿的创造想象存在着明显的个别差异，这固然与其神经类型的灵活性有关，但更重要的是受教育环境的影响。

　　一般来说，民主、宽松、自主的环境更能扬起幼儿创造想象的风帆。成人可采用一些有效的方法来激发幼儿的创造性想象。比如，鼓励他们的自由联想和发散思维，看着天空的白云，想象它们像什么；列举出某种物体（杯子、水等），尽量多地设想它们的用途……如果成人坚持鼓励幼儿从多个角度来探讨问题，鼓励与众不同而又不失合理的想法和答案，幼儿的创造想象能力和水平就会不断得到提高。

学以致用

　　一个筋斗十万八千里的孙悟空，遥远森林里的蓝精灵和格格巫，还有喜羊羊、灰太狼，以及幼儿会表现出的许多"奇思妙想"。

　　这些"奇思妙想"想象功不可没！幼儿时期是想象力快速发展的时期，其丰富多彩的想象和幻想常常令人惊叹不已！在这些看似离奇的想象中，往往蕴含了创造的种子，这也是幼儿未来创造力萌发的基础。

 活动案例

案例一：锻炼幼儿想象的游戏（2～3岁）

　　可以模仿家庭生活，让幼儿们一起"过家家"；还可以模仿社会活动的"看医生""当警察""扮老师""打电话"等。游戏是发展幼儿想象力最好的活动之一。

　　为幼儿提供各种各样的游戏材料，如小纸片、种子、泥土、小剪刀、积木、水、沙、颜料、空纸盒等，让他们开动脑筋动手去做。

案例二：锻炼幼儿想象的游戏（3～6岁）

　　可以给幼儿画好一个几何图形，让他根据想象进行添画，如幼儿再添画几个三角形就形成了松树，加一横线就成了跷跷板。画一个人头，让幼儿添上眼睛和嘴；画一个长方形，让幼儿添笔，画成黑板、窗户等；画一根树干，让幼儿添枝加叶，或者添上一只鸟。此外，鼓励幼儿根据自己的意愿画画也可以发挥他的想象力。这些都可以使幼儿开阔思路，丰富想象。

任务五　幼儿早期思维发生发展与学习支持

情境导入

幼儿看到成人种豆，知道了"种豆得豆，种瓜得瓜"的道理。于是会种自己最爱吃的糖或者最喜欢的玩具，希望它们发芽、长大、开花，结出许多许多的糖和玩具来。

思考：真的会结出糖果、玩具吗？幼儿为什么会这样做呢？

知识锦囊

一、思维的概念

思维是人脑对客观现实间接的、概括的反映，是人认识的高级阶段，是智力的核心，是人重要的心理过程。思维主要借助于语言来实现，可以揭露事物的本质属性和内部联系。

二、思维的特征

思维的特征包括间接性和概括性。

间接性是指思维通过其他事物作为媒介，借助于已有的知识经验来反映不能直接感知的客观事物。正因如此，人才能够透过表面现象认识事物的本质，才能够了解远古、推测未来。

概括性是指思维所反映的是一类事物的本质特征和事物之间的规律性联系。任何科学概念、定理以及规律、法则等，都是通过思维的概括得出的结论。

三、思维的基本过程

思维是人类所具有的一种高级心理现象，思维的基本过程是人们运用概念、判断、推理的形式对外界信息不断进行分析、综合、比较、抽象和概括的过程。如图4-15所示，幼儿玩排序游戏，通过排序活动发展思维。

图 4-15　幼儿排序游戏

（一）分析与综合

分析是指在头脑中把事物的整体分解为各个部分、各个方面或各种属性的思维过程。

综合是在头脑里把事物的各个部分、方面、各种特征结合起来进行考虑的思维过程。

（二）抽象与概括

抽象是在思想上抽出各种事物与现象的共同特征与属性，舍弃其个别特征和属性的过程。

概括是在头脑中把抽象出来的事物的共同的、本质的特征综合起来并推广到同类事物中去，使之普遍化的思维过程。

（三）比较与分类

比较是把各种事物和现象加以对比，确定其异同，发现其关系的思维过程。

分类是在比较的基础上，根据事物或现象的共同点和差异点，把它们区分为不同种类，以揭示事物的一定从属关系和等级系统的思维过程。

（四）具体化与系统化

具体化是指在头脑里把抽象、概括出来的一般概念、原理与理论同具体事物联系起来的思维过程。

系统化是指在头脑里把学到的知识分门别类地按一定程序组成层次分明的整体系统的过程。

四、思维的形式

概念：是思维的基本形式，是人脑对客观事物的本质属性的反映。概念是用词来表示的，词是概念的物质外衣，也就是概念的名称。每个概念都有其内涵和外延。

判断：是概念和概念之间的联系，是肯定或否定某种事物的存在，或指明它是否具有某种属性的思维过程。

推理：是一种从已知的判断推出新的判断的思维形式。推理主要有归纳推理、演绎推理和类比推理。

五、幼儿掌握概念的方式

（一）幼儿一般概念获得

1.通过实例获得概念

幼儿在日常生活中经常接触各种事物，其中有些就被成人作为概念的实例（变式）而特别加以介绍。例如，带幼儿到花园散步时，教其认"树""花"等；教给幼儿概念时，也往往会通过列举实例的方式进行，如指着图片上的物品告诉幼儿"这是牛，这是马"等。幼儿就是这样通过词（概念的名称）和各种实例（概念的外延）的结合，逐渐理解和掌握概念的。

以这种方式获得的概念大部分为日常概念，或称"前科学概念"。

2.通过语言理解获得概念

在正规的学习中，成人也常用给概念下定义，即讲解的方式帮助幼儿掌握概念。在这种讲解中，把某概念归属到更高一级的类或种属概念中，并突出它的本质特征十分关键。

（二）幼儿数概念的发展

数概念是反映事物数量和事物间序列的概念。数概念的掌握是以事物的数量关系能从各种对象中抽出，并和相应的数字建立联系为标志的。幼儿掌握数概念也是一个从具体到抽象的发展过程。

1.幼儿数概念的发展大约经历三个阶段

第一阶段（2～3岁）：对数量的感知运动阶段

特点：

（1）对大小、多少的笼统感知。此阶段的幼儿能区分明显的大小、多少的差别，对不明显的差别只能笼统地说"这个大，那个也大""两个都差不多，要合起来才多"。

（2）会唱数，但一般不超过5。

（3）逐步学会口手协调的小范围（不超过5）点数（数实物），但点数后说不出物体的总数，个别幼儿能做到伸出同样多的手指来比画。

第二阶段（3～5岁）：建立数词和物体数量间联系的阶段

如图4-16所示，这是一幅幼儿数学游戏图，通过它可以发展幼儿的数概念。

特点：

（1）点数后能说出物体的总数，即有了最初的数群（集）概念，末期开始出现数字的守恒现象。

（2）这个阶段的前期一般能分辨大小、多少、一样多。中期认识第几、前后顺序。

（3）能按数取物。

（4）逐步认识数与数之间的关系。如有了数序的概念，能比较数的大小，能应用实物进行数的组成和分解。

（5）开始做简单的实物运算。

第三阶段（5～7岁）：数的运算初期阶段

特点：

（1）对10以内的数大多数能保持守恒。

图 4-16 幼儿数学游戏图

（2）计数能力发展很快，大多数幼儿从逐个计数向按群计数过渡，由表象运算向抽象数字运算过渡。

（3）序数概念、基数概念、运算能力的各个方面都有不同程度的扩展和加深。通过教学，到幼儿晚期一般可以学会计数到100或者100以上，并学会20以内的加减运算，个别幼儿可以做100以内的加减运算。

综上所述，幼儿数概念的发展遵循以下顺序：最初凭借对实物的感知来认识数，之后凭借实物的表象来认识数，最后在抽象概念的水平上真正掌握数概念。

（三）了解幼儿概念掌握水平的常用方法

1. 分类法

分类法就是成人在幼儿面前随机摆好若干张有他们熟悉的物品的图片（内含几个种类），让他们把自己认为有共同之处的那几张放在一起，并说明理由。可根据幼儿图片分类的情况和说出的理由，了解其掌握概念的水平（如图4-17所示）。

图4-17 幼儿分好类的玩具

2. 排除法

排除法实际是分类法的一种特殊形式，即在幼儿面前放若干组图片，每组4～5张，其中有一张与其他几张不属于同一类，要求幼儿将这一张找出来，并说明理由。

3. 解释法（定义法）

说出一个幼儿熟悉的词（概念），请他加以解释，如请幼儿说说"动物"这个词是什么意思，根据其解释的程度确定对该概念的掌握情况。

4. 守恒法

这是由皮亚杰的守恒实验演绎过来的一种方法，目的在于了解幼儿是否已获得某些数学概念，或者所获得的概念是否具有稳定性。

几种典型的守恒实验主要有数量守恒实验、长度守恒实验、液体质量守恒实验、面积守恒实验、体积守恒实验、重量守恒实验等。

六、幼儿判断能力的发展

幼儿的判断能力已经开始初步发展起来，具体表现在以下几方面。

（一）以直接判断为主

判断可以分为两大类：直接判断和间接判断。

一般认为直接判断是一种感知水平的判断，不需要复杂的思维活动参加；间接判断则需要一定的推理。幼儿的判断以直接判断为主。

幼儿进行判断时，容易受知觉线索的左右，把直接观察到的事物的表面现象或事物间偶然的外部联系当作事物的本质特征或规律性联系。

（二）判断内容的深入化

只有揭示事物的本质和规律性联系的判断才是正确的。

幼儿判断的深入化表现为判断逐渐分化和准确化。由于受具体形象思维的影响，幼儿的判断往往只反映事物的表面联系，尤其是幼儿初期，他们往往把直接观察到的事物的表面现象作为因果关系来认识。

（三）判断依据客观化

从判断的依据看，幼儿是从以自己对待生活的态度为依据开始，向以客观逻辑为依据发展。幼儿初期常常不能按事物的客观逻辑进行判断，而是按照"游戏的逻辑"或"生活的逻辑"来进行。这种判断没有一般性原则，不符合客观规律，而是从自己对生活的态度出发，如木板会在水里浮起来是"想洗澡了"。随着年龄的增长，幼儿逐渐向以客观逻辑为依据的判断发展。在这个过程中，还要经过以事物的偶然性特征（颜色、形状等）为依据，过渡到以孤立的、片面的、不确切的原则为依据（"重的沉，轻的浮"），然后，才开始出现一些正确的或接近正确的客观逻辑的判断（"木头轻，木块做的东西在水里能浮在上面"）。

（四）判断论据明确化

从判断论据看，幼儿从最初没有意识到判断的依据，发展到以后逐渐开始明确意识到自己的判断依据。3～4岁幼儿虽然能够作出判断，但是他们没有或不能说出判断的依据，或者总是以他人的判断为依据。如问三四岁的幼儿"你知道为什么要刷牙吗"，他们往往回答"因为是妈妈说的"，或者说"因为是老师说的"。有时候，他们甚至并未意识到判断的论点应该有论据。

随着年龄的发展，幼儿逐渐意识到在进行判断时需要论据的支撑，于是开始设法寻找论据，但最初的论据往往是游戏性的或猜测性的。

七、幼儿推理能力的发展

幼儿的推理能力的发展主要表现在以下几个方面：

（一）抽象概括性差

幼儿（尤其是3~4岁的幼儿），对事物的抽象概括往往只是对其某一属性或某些属性的概括，或只顾把相同属性的抽出而不顾及不同属性的剔除。这个时候的幼儿只能反映事物的直观特点，即在感知水平上进行抽象概括。因此，3~4岁幼儿往往只能对事物的外部的非本质的特征进行归纳，很难抓住事物间的本质联系进行推理。

（二）逻辑性差

年龄较小的幼儿，推理的逻辑性较差。当成人对幼儿说："别哭了，再哭就不带你找妈妈了！"幼儿往往会哭得更厉害，因为他不会推出"不哭就带你去找妈妈"。

（三）自觉性差

幼儿的推理往往不能服从一定的目的与任务，在推理时思维过程常常离开推理的前提和内容。当成人问幼儿："一切木头制的东西在水中都会浮起来，这个东西在水中不会浮，所以它怎么样？"有的幼儿回答"我的枪是木头做的""木头是圆的"等，其答案完全偏离预想，不受前提之间和前提本身的内在联系所制约。

八、幼儿理解能力的发展

理解是个体运用已有的知识经验去认识事物的联系、关系乃至其本质和规律的思维活动。理解普遍存在于人的认识过程中，无论是对事物的感知还是对事物内在实质的把握，都离不开理解的参与。幼儿对事物的理解有以下发展趋势：

（一）从对个别事物的理解发展到理解事物间的关系

这是从理解的内容上来谈的。从幼儿对图画和对故事的理解中，我们都可以看到这种发展趋势。例如对图画的理解，最初只是理解图画中最突出的个别人物或事物，然后理解人物形象的姿势和位置，再然后理解主要人物或物体之间的关系。

幼儿理解成人讲述的故事也是如此，常常是先理解其中的个别字句、个别情节或者个别行为，以后才理解具体行为产生的原因及后果，最后才能理解整个故事的思想内容。

（二）从主要依靠具体形象来理解事物发展到依靠语言说明来理解事物

这是从理解的依据上来谈的。由于语言发展水平的限制以及思维的特点，幼儿常常依靠行动和形象来理解事物，如小班幼儿在听故事或者欣赏文艺作品时，常常要靠形象化的语言和图片等辅助才能理解。随着年龄的增长，大一些的幼儿逐渐能够摆脱对直观形象的依赖，而只靠语言描述来理解，但仍然是在有直观形象的条件下理解的效果更好。

（三）从对事物简单、表面的理解发展到理解事物较复杂、较深刻的含义

这是从理解的程度上来谈的。幼儿的理解往往很直接、很肤浅，年龄越小越是如此。

例如，教师在给小班幼儿讲完《孔融让梨》的故事后，教师问幼儿："孔融为什么让梨？"不少幼儿回答："因为他小，吃不完大的。"可见他们还没有真正理解让梨这一行为背后的含义。

同样地，幼儿对语言中的转义、喻义和反义现象也比较难理解。

例如，上课时有一个幼儿歪歪斜斜地坐着，如果教师批评说"李××的坐姿最好"，小班幼儿可能都学这名幼儿的样子坐好，他们以为老师真认为那样坐很好，真的是在表扬那名幼儿。所以教师对幼儿，尤其是小班幼儿一定要坚持正面教育，千万不要正话反说。

（四）从与情感密切联系的理解发展到比较客观的理解

这是从理解的客观性上来谈的。幼儿年龄越小，情绪情感对其心理活动的影响就越大，所以情感态度常常影响幼儿对事物的理解，尤其在4岁前的幼儿身上表现得最为突出，这就导致了幼儿对事物的理解常常是情绪化的、不客观的。

有位妈妈给4岁的儿子出了道加法题："哥哥有4块糖，弟弟有2块糖，他们一共有几块糖？"孩子不去考虑答案，而是纠结于"凭什么哥哥的糖比弟弟的糖多"的问题，表现出对事物理解的强烈情绪性。而更大的幼儿则开始能够根据事物的客观逻辑来理解。

（五）从不理解事物的相对关系发展到逐渐能理解事物的相对关系

幼儿对事物的理解常常是固定的或极端的，不能理解事物的中间状态或相对关系。

看电视时，幼儿常常会问"这是好人还是坏人"，如果成人说既有好的一面也有坏的一面，幼儿会感到难以理解。因为对幼儿来说，不是好人，就一定是坏蛋；东西不好吃，就一定难以下咽。随着年龄的增长，幼儿逐渐能够开始理解事物的相对关系。

综上所述，幼儿思维的发展有其自身的客观规律和特点，成人要用心了解和把握，把握他们思维的特点，教师也要注意在教育教学过程中不能把成人的思维方式强加给幼儿。

九、培养幼儿的思维能力

（一）创设问题情境，调动思维的积极性

思维总是从问题开始的。幼儿天生好奇心强，常提出各种各样的问题，如："鱼儿在水中为什么不闭眼睛？""马儿能站着睡觉吗？"面对这些千奇百怪的问题，成人应该热情、耐心地进行解答，并及时给予鼓励和赞扬，调动幼儿思维的积极性，引起他们对问题的注意和思考，激发他们积极寻找问题的答案，达到培养思维能力的目的。

如图4-18所示，一名幼儿正在观察地壳模型，通过观察地壳可以调动其思维，让思维得以发展。

图 4-18　幼儿观察地壳模型

成人应引导幼儿大胆地想象和创造，鼓励他们勇于实践与创新，让他们的创造意识和自信心在每一次活动的成功体验中得到增强。

（二）提高语言水平，促进思维的发展

语言是思维的工具。幼儿的思维一方面需要借助于具体形象事物的帮助，一方面需要借助于语言进行。语言不仅用于思维的过程，而且记录思维的成果。

幼儿期是人的一生中掌握语言最迅速、最关键的时期，语言的发展直接影响和制约着思维的发展。要发展幼儿的思维，尤其是抽象逻辑思维，必须帮助他们掌握丰富的语词。

成人应通过各种活动帮助幼儿正确认识事物、丰富词汇，学会正确理解和使用各种概念，发展语言表达能力，只有这样才能促使幼儿的思维从具体的事物和情境中解放出来，从具体形象思维向抽象逻辑思维转化。

（三）根据思维的特点有效开展活动

首先，应为幼儿创设直接感知和动手操作的机会。3岁左右的幼儿，思维在很大程度上带有知觉行动的特点，因此成人要有目的、有计划、合理地向他们提供丰富多样、可以直接感

知的活动材料和玩具，同时还要提供可感知观察、可活动操作的条件和机会，允许他们边活动边思考。如图4-19所示，成人可为幼儿提供各种类型的工具、直接感知的实验器材和玩具，发展思维。

图 4-19　为幼儿提供丰富的工具和玩具

其次，具体形象思维是幼儿期最主要、最典型的思维方式。

各种事物的形象和在头脑中的表象是支撑幼儿进行思维的基础。为此，成人应扩大幼儿的视野，提供大量生动具体的、活生生的感性材料，注重教学内容的具体形象性，方便他们通过自己的手、眼、耳、鼻等感觉器官去认识和辨别事物。对一些比较抽象的材料和概念，要避免空洞、抽象的讲解，应根据幼儿的理解水平，尽量化繁为简、深入浅出，化抽象为直观形象，为幼儿的认识和思维发展提供支持和帮助。

幼儿五六岁后，伴随着抽象逻辑思维的萌芽，成人也要注意在活动中引导他们运用概念、判断和简单推理，促进抽象思维能力。

（四）结合思维的过程，训练发展思维

在活动中培养幼儿的分析和综合能力是发展思维的有效途径。在不同的思维发展阶段，幼儿分析和综合的水平也不相同。

幼儿的典型思维是具体形象思维，所以对事物的分析综合离不开事物的具体形象和具体特点。为此，成人要通过引导幼儿观察具体事物，动用多种感官充分感知事物的每一个方面、每一个特点，学习对事物的具体特征进行分析综合。

例如，通过对蜡光纸、报纸、餐巾纸在水里下沉速度的观察，分析得出纸张的下沉速度与纸张吸水的速度和程度密切相关。吸水越快越多的纸张，下沉的速度就越快。

（五）重视训练创造性思维

创造性思维被誉为最高境界的思维方式。

幼儿通常都是好奇、好问，敢说、敢想、敢为的，有一种"初生牛犊不怕虎"的精神，不拘泥于框框套套，不受缚于常规陋习，常常在生活和游戏中表现出创造的火花。在"变废为宝"活动中，有的幼儿会拿几个盒子做废物箱，装上开关，做成"自动清扫机"等，这些创新设想属于幼儿偶发的创新火花，如能得到成人的鼓励与引导，就会激发幼儿的灵感，继续点燃他们创新的火花。

创造想象就是创新思维的核心，成人还可以通过专门培养创造想象来发展幼儿的创新思维。

学以致用

情境导入中，幼儿看到成人种豆，知道了"种豆得豆，种瓜得瓜"的道理。于是会种自己最爱吃的糖或者最喜欢的玩具，希望它们发芽、长大、开花，结出许多许多的糖和玩具来。

这是因为幼儿抽象概括性差，具有"转导推理"而不是逻辑推理，是前概念的推理，幼儿还没有形成"类概念"，即不能把同类与非同类事物相区别。

 活动案例

案例一：锻炼婴幼儿思维的游戏（2～3岁）

游戏名称：盲人摸象

游戏玩法：妈妈和宝宝一个当盲人，一个当大象，一起玩盲人摸象的游戏。妈妈可以先当盲人，让宝宝当大象，方便宝宝了解游戏规则。游戏开始，妈妈把眼睛蒙上，然后四处摸宝宝，摸到哪里就高兴地和宝宝说："这是宝宝的头。""这是宝宝的耳朵。"之后，把宝宝的眼睛蒙上，宝宝来摸妈妈，摸到什么就说什么，并问妈妈对不对。当宝宝熟悉游戏后，可以把游戏升级为"盲人找象"，即把宝宝的眼睛蒙上，妈妈则站在离宝宝不远的身旁，让宝宝通过摸索去找妈妈。为方便宝宝寻找，妈妈可通过发声给予线索，让宝宝根据声音去寻找。

案例二：锻炼婴幼儿思维的游戏（3～6岁）

游戏一：小侦探

游戏玩法：全体幼儿自由地站立在场地上或坐在椅子上，选出一名幼儿扮演侦探，观察大家的服饰后，暂时离开集体。然后让一名幼儿脱下外衣，随意给另一名幼儿穿上，再请侦探回

来，继续观察大家的服饰后，说出谁的外衣不见了，谁穿的不是自己的外衣。

指导建议：游戏中除让幼儿调换外衣外，也可以调换鞋子，冬天可调换帽子、围巾、手套等用品。

游戏二：拍电报

游戏准备：幼儿分成2～3组，每组2～10人。

游戏玩法：教师小声地将电报数字号码告诉每组的第一个幼儿，不能让其他幼儿知道，然后听信号拍电报。第一个幼儿将右手在第二个幼儿左手心按老师说的数目点几下（例如电报数字是5，就用手指轻轻点5下），依次往下进行。由最后一个幼儿报出电报的号码，看看哪组的电报拍得快、拍得准确。

游戏规则：当教师发口令后，各组幼儿按传递的指令，开始拍电报。最后一个幼儿得到电报后要举手，并把数字写在纸条上。

案例视频：《有趣的魔尺之营救小兔》

知 识 拓 展

运用多媒体课件，引发幼儿学习的积极性

美国心理学家布鲁纳说："学习的最好刺激乃是对学习材料的兴趣。"而幼儿的特征是爱美、喜新、好奇、求趣，一切美新奇趣的东西，都能引起幼儿的极大注意，产生强烈的兴趣和表达欲望。动画片是幼儿最喜欢的电视节目，而多媒体课件鲜艳生动的画面、逼真悦耳的音响，就像动画片一样最能激发幼儿学习的兴趣，使他们乐于表达、乐于交流。这在创设与教学内容相一致、有利于激发幼儿学习兴趣的教育情境上有着得天独厚的优势。因此，教师要有意识并善于巧于利用多媒体激发幼儿学习兴趣，拓展发展认知。

知识巩固

一、选择题

1. 幼儿在班级里聚精会神地听教师讲故事，其心理活动指向和集中到故事的内容。幼儿的这种心理活动属于（　　）。

A. 感觉　　　　B. 记忆　　　　C. 注意　　　　D. 知觉

2. 幼儿在上课时低头搞小动作，教师发现后，最好是（　　）。

A. 叫他的名字　　　　　　　　　B. 叫他站起来

C. 马上叫他站一边　　　　　　　D. 走到他身边轻轻地拍拍他

3. 幼儿在绘画时常常"顾此失彼"，说明幼儿注意的（　　）较差。

A. 稳定性　　　　B. 广度　　　　C. 分配能力　　　　D. 范围

4. 教师在组织幼儿活动时，要提出具体而明确的要求，不能要求幼儿在很短的时间里注意较多的事物，这主要是考虑到幼儿注意（　　）的特点。

A. 分配　　　　B. 稳定性　　　　C. 范围　　　　D. 分散

5. 3岁的幼儿主要以（　　）反映时间。

A. 生物钟　　　　B. 具体生活活动　　　C. 时钟

6. 幼儿容易把图画中远处的树理解为小树，近处的树理解为大树，表现出他们在（　　）方面的特点。

A. 方位知觉　　　　B. 方位知觉　　　　C. 无意间的触觉活动　　　D. 视敏度

7. 幼儿在人群中一眼就认出了送报的叔叔，这属于（　　）

A. 识记　　　　B. 保持　　　　C. 再认　　　　D. 回忆

8. 幼儿的想象之所以容易与现实相混淆，是由于他们认识水平不高，有时把想象和（　　）相混淆。

A. 思维　　　　B. 记忆　　　　C. 空想　　　　D. 表象

9. （　　）是高级的认知活动，是智力的核心。

A. 思维　　　　B. 注意　　　　C. 记忆　　　　D. 想象

10. 幼儿开始萌发抽象思维能力的时期是（　　）。

A. 0～1岁　　　　B. 1～3岁　　　　C. 3～4岁　　　　D. 5～6岁

二、简答题

1. 如何提升幼儿记忆力？

2. 如何发展幼儿思维能力？

三、案例分析

如果对年龄很小的幼儿说："别哭了，再哭就不带你找妈妈了！"幼儿通常会哭得更厉害。请你根据所学知识进行原因分析。

单元五　幼儿社会性发展与学习支持

☑ 单元导读

　　幼儿自出生开始，除了动作、语言、认知等方面的发展，社会性也开始发展，开始了社会化发展的进程。幼儿的情绪气质、自我意识、性别角色、交往行为、社会行为等方面构成了幼儿社会性发展的主要内容。天生的气质以及外界的环境等都对幼儿的社会性发展起着重要影响。本单元着重介绍有关幼儿社会性发展的相关理论和各个方面的发展特点，同时给予有效的建议，结合提供的丰富案例，以促进学生全面、深入地了解幼儿社会性发展的特点和规律，为日后工作奠定理论和实践基础。

◎ 学习目标

　　1.通过本单元学习，了解幼儿早期社会性支持活动实施过程主要的指导要点。

　　2.掌握组织开展幼儿早期社会性学习活动的基本途径，初步具备促进幼儿社会性良好发展的能力。

　　3.引导学生将中华优秀传统文化故事等运用在日常学习中，感受中国传统文化的魅力，增强学生民族自信。

任务一　幼儿早期情绪气质与学习支持

⬇ 情境导入

　　3岁的豆豆和妈妈一起在公园里玩，豆豆拿着心爱的飞机边跑边玩，不小心摔了一跤，手中的飞机掉在地上摔坏了，豆豆急得边跺脚边大哭。妈妈来到豆豆身边，批评道："你这孩子，说了不让你跑，你偏要跑，正好飞机玩具摔坏了，你也就别玩了。"豆豆听到这儿哭得更伤心了。妈妈将坏的飞机捡起来，递给豆豆又笑着说："好了好了，飞机玩具让爸爸修一下就好了，妈妈带你到前面去买冰激凌吃，好吗？"豆豆立刻含着眼泪笑了起来。

思考：为什么豆豆的情绪从哭闹变成含着泪笑了起来？妈妈在幼儿情绪变化中起了什么样的作用？

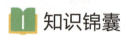 知识锦囊

《指南》关于幼儿社会性学习与发展的基本
目标和教育建议

一、情绪

（一）情绪的概念

情绪是个体对外部事物和内部需要的主观体验，即人对自己心理状态的自我感觉，它包括生理、表情和体验等多种成分。幼儿的情绪发展特点如表5-1所示。

表 5-1　幼儿的情绪发展特点

年龄	特点
新生儿	弥散性的兴奋或激动，主要包括兴奋状态或愉快和不愉快
出生后 3 个月	三大基本情绪：愉快、生气和伤心、害怕
出生后 7 ~ 12 个月	自我意识的发展，开始出现社会性情绪的萌芽，包括自豪、嫉妒、羞愧、内疚等
1 岁以后	各类情绪逐渐分化

（二）婴幼儿情绪的基本特点

1. 情绪的生理性

与成人不同，幼儿的情绪与其生理需要紧密相关。在幼儿时期，年龄越小，情绪受生理需要的影响越大。如生理需要得到满足时（吃饱、睡足、尿布干净等），愉快情绪产生。生理需要未得到满足时（疼痛、身体受束缚等），不愉快情绪产生。此外，我们也将个体情绪发生时，身体内部会出现一系列生理变化的现象称为情绪的生理性，如幼儿的情绪处于兴奋状态时会引起血压升高、心跳加快等生理变化。如图5-1所示，幼儿在游戏时情绪处于兴奋状态。

图 5-1　幼儿在游戏时情绪处于兴奋状态

2. 情绪的外显性

当幼儿发生情绪时，会伴随行为、表情、声音等明显的外部变化，我们将这一特点称为情绪的外显性。3岁以后，随着年龄增长，幼儿的表情逐渐具有可控性，这预示着幼儿已经初步掌握了表情管理，这时情绪的表达也逐渐由外显变为内隐，面部表情不一定能反应幼儿真实的情绪感受。如图5-2所示，幼儿在哭时努力控制自己的表情。

图 5-2　幼儿在哭时努力控制自己的表情

3. 情绪的不稳定性

幼儿的情绪是非常不稳定的，常常在对立情绪的两极突然转换。如刚刚因为蛋糕掉在地上号啕大哭，成人递给他一块糖后，他又会立刻笑起来。这种一会儿哭、一会儿笑的情况在婴幼儿时期十分常见，我们将其称为情绪的不稳定性或易变性。此外，幼儿情绪的不稳定还与所处情境的变化有关，也叫情绪的情境性。

（三）幼儿情绪培养的策略

幼儿的情绪表达是最自然的表达，当幼儿无法用词汇语言等表达情绪时，自然会表现出哭闹、嬉笑等行为。情绪对幼儿身心发展具有非常重要的意义，成人要为幼儿营造良好的环境，以接纳的态度引导帮助其控制情绪、调节情绪，用正确的方式处理幼儿的情绪问题，促进其健康成长。

1. 家庭支持

（1）营造良好的情绪环境。感觉和知觉是幼儿最早出现的认识过程，幼儿对家庭气氛、家庭成员关系的感知成为影响其情绪发展的重要因素。可以说，潜在的环境和气氛因素对幼儿情绪的影响要比专门的说教有用得多。因此，成人在家庭中要意识地保持良好的情绪氛围，营造轻松愉悦的家庭环境，家庭成员之间也要努力避免冲突的产生，尽量使用礼貌用语。

（2）父母发挥榜样作用。父母在幼儿情绪发展中的重要性无人能比。除了不可控的气质遗传，成人的情绪示范、情绪自控都会影响幼儿的情绪发展，如：成人愉快稳定的情绪有助于

幼儿保持稳定的情绪；而喜怒无常的情绪或是家人之间的争吵会使幼儿无所适从，甚至产生情绪障碍。

（3）观察幼儿的情绪反应，有针对性地引导。幼儿的情绪反应通常写在脸上，成人在日常生活中要注意通过进餐、游戏等活动观察幼儿的情绪反应。成人通过细致入微的观察可以基本确定幼儿的情绪类型，平缓型幼儿的情绪往往平稳和乖巧，情绪反应比较细微和内敛，需要成人更加细致地观察和干预；而激烈性幼儿的情绪冲动性较强，像过山车一般，因此成人的重点在于有针对性地引导。

（4）帮助幼儿正确识别情绪。幼儿感知觉发展要先于语言发展，因此在生活中常常看到幼儿的情绪感受非常广泛，却因为语言表达水平较低，始终表达不出来。这个阶段，成人帮助幼儿识别情绪十分重要。当幼儿表现出某种情绪时，成人用各种情绪词汇来描述幼儿的情绪感受，帮助幼儿正确识别情绪，给情绪贴上标签。

2. 社会支持

社会环境中，社区、托儿所等都成为支持幼儿情绪发展的重要因素。

（1）和幼儿一起玩情绪游戏。游戏是一种积极的情感交往方式，对幼儿的情绪表达和发泄有很大的帮助。在托幼机构中，游戏备受幼儿欢迎，如角色游戏。在角色游戏中，幼儿可以通过扮演不同的角色，体验不同的情绪感受，从而学会换位思考，调节自己的情绪。

（2）正确运用强化和暗示。幼儿自身没有判断情绪好坏的能力，他们对情绪的感知和表达主要依靠成人的引导和暗示。1岁以前，受父母影响较大，1岁后，来自社区、同伴、托幼机构教师的影响开始出现。当幼儿摔倒时，成人如果态度肯定地对其他人说"宝贝特别坚强，摔倒了从来不哭"，久而久之幼儿会受到成人语言的强化，逐渐控制自身情绪；反之，如果成人在幼儿摔倒时说"他就是胆子小，动不动就哭"，这种消极的暗示很容易使幼儿养成消极情绪。

二、气质

（一）气质的概念

气质是个人生来就具有的情绪反应、情绪控制、活动水平和注意力等方面表现出来的稳定的质与量方面的个体差异形成的个人风格。气质是天生就具有的，并且和遗传关系密切。如果合理适当地引导幼儿的气质特点，就可以帮助幼儿调节和控制自己的情绪情感，从而促进幼儿社会性的发展。

（二）幼儿的气质类型

气质类型是指表现在人身上一类共同的，或相似的心理活动特性的典型集合。气质类型无好坏之分，每一种气质类型都存在优点和缺点。了解幼儿的气质类型，可以有预见性地帮助幼儿在发展过程中养成积极的品质，克服消极的品质出现。近年来，心理学家与各界学者都提出了气质的划分类型，社会普遍认可的划分方式有以下两种：

1. 传统的体液说

（1）胆汁质。胆汁质类型的幼儿，情绪容易激动、冲动，不稳定而且多变。胆汁质类型的幼儿长大后容易感情用事，表里如一，脾气暴躁、易怒。

（2）多血质。多血质类型的幼儿能够积极主动与人交往，自带温和和热情，习惯乐观看待问题。多血质幼儿长大后活泼好动、反应迅速、有朝气，情绪不稳定，做事粗枝大叶。

（3）黏液质。黏液质类型的幼儿慢条斯理、小心谨慎，情绪温和稳定、性格随和，对人宽容，不善表达。黏液质类型的幼儿长大后性格稳重，但灵活性不足，做事沉着冷静，但有些呆板，缺乏生气。

（4）抑郁质。抑郁质类型的幼儿做事深思熟虑，高度细腻敏感，感受力比较强，接纳新事物较难，常常以自我为中心，爱钻牛角尖。抑郁质类型的幼儿长大后显示出敏锐、稳重的性格，外表温柔、懦弱、孤独、行动缓慢。

2. 托马斯·切斯的三类型说

（1）容易型。该类型的幼儿情绪稳定、活泼，饮食、睡眠等都非常规律，容易适应新环境、接受新的事物。

（2）迟缓型。该类型幼儿在平时的生活中不够活泼，比较安静，对新的环境、新的事物适应较为缓慢；经常不开心，不开朗。但在通过教育和抚爱后，他们会对新的事物产生兴趣，在新环境中逐渐活跃起来。

（3）困难型。该类型幼儿在睡眠、饮食、排泄等方面规律性差，害怕生人，难以适应新环境；缺乏主动探索周围环境的积极性，心情总是不愉快，与成人关系不密切，情绪反应强烈。

（三）幼儿气质的培养及支持策略

幼儿形成什么样的气质类型有着多方面的影响因素。气质的形成受遗传、父母的气质以及父母养育方式的影响。即使在了解幼儿的气质类型后，也不要轻易对幼儿的气质类型下结论，而应该在理解不同类型气质的不足之处后，采取适宜的、有针对性的教育，帮助幼儿在原有的基础上建立良好的个性。

1. 学习了解幼儿的气质特征

每个幼儿都拥有不同的气质类型，父母及教师要通过学习，通过评定法，对幼儿的生活、学习情况进行反复的观察，对其表现出的情绪情感、行为态度进行细致的观察，以便充分了解

幼儿的气质特点。教师可以通过观察幼儿的活动了解幼儿的气质类型，如图5-3所示。

图5-3　幼儿在幼儿园进行活动

2. 不可单独用某些特质对幼儿下定论

气质的评估是整体性的，不是片面性的，成人不能从幼儿几个明显的特征对其气质类型就作出判断。幼儿的气质表现出一定的差异，但是其气质发展尚未稳定，还在发展中，后期还会发生变化。所以判断幼儿气质接近哪种类型，需要长期细致的观察，以免引起教育上的误会。

3. 接受并尊重幼儿气质特点，采取适宜教育

每个幼儿都是单独的个体，各有所长，调皮的幼儿聪明活泼，任性的幼儿冲动果敢，乖巧的幼儿贴心懂事。成人要充分尊重幼儿，懂得欣赏，提出合理的期望与要求，寻求适合幼儿的教育、养育方法，实施正确引导，完善幼儿性格的形成，促进其身心健康发展（如图5-4和图5-5所示）。

图5-4　同伴安慰伤心的幼儿

图5-5　教师和有情绪的幼儿谈心

幼儿时期的情绪是人际交往的重要方式，豆豆摔倒的哭泣是一种交往的信号，想要得到妈妈的回应。同时情绪具有外显性、不稳定的性质，容易发生变化，变现为两种相反的情绪。豆豆这种因飞机摔坏而哭泣，妈妈安慰后，要给他买一块糖，他就立刻会笑起来，就是典型的"破涕为笑"的现象。

豆豆妈妈的态度和方法，能够影响豆豆的情绪情感，影响其性格及社会交往方式。妈妈埋怨豆豆不听话时，豆豆依旧伤心；而妈妈耐心安慰，并答应给豆豆买糖时，转移豆豆的情绪，帮助豆豆控制调节情绪，形成融洽的亲密的亲子关系，从而培养一个快乐的健康的孩子。

🛡 活动案例

案例一：好玩的球宝宝（7～12个月）

活动目标：

（1）体验亲子游戏的乐趣。

（2）能在游戏中表达高兴的情绪。

活动准备：小皮球。

活动过程：

（1）家长与幼儿面对面坐立。

（2）家长将小球滚向幼儿方向，幼儿尝试用手抱住。

（3）家长呼唤幼儿乳名，幼儿尝试将球滚向家长。

（4）来回重复，家长及时给幼儿鼓励和肯定。

案例二：小宝贝笑呵呵（7～18个月）

活动目标：

（1）感受音乐的韵律美，体验亲子之间亲密的爱。

（2）熟悉周围环境，萌发对环境的安全感。

活动准备：音乐《睡吧，睡吧，小宝贝》。

活动过程：

（1）播放音乐《睡吧，睡吧，小宝贝》，母亲清唱音乐。

（2）母亲将幼儿轻轻搂在怀里，边轻抚边哼唱歌曲，用温柔眼光关注着怀里的幼儿。

（3）唱到"全家笑呵呵"时，妈妈笑出声，表情温柔慈爱，贴近幼儿面部。

案例三：我的心情（3岁）

活动目标：

（1）体验生气时的感受，学会合理表达情绪。

（2）可以说出生气情绪的一种方法。

活动准备：各种情绪的图片、故事《明明生气了》。

活动过程：

1. 出示各种情绪图片，请幼儿说一说，引起幼儿兴趣

提问：老师今天拿了好多情绪宝宝的图片，请你们来看一看，学一学，说一说都是哪些表情，表示了什么情绪。

教师出示图片，请幼儿说一说，并做表情。

2. 听故事《明明生气了》，感受生气的情绪

（1）教师完整讲故事，幼儿了解故事内容。

（2）讨论故事中明明为什么生气。

提问：明明遇到了哪些事情？如果你是明明，遇到这样的事情，你会怎么样？有什么样的表情？有什么样的动作？（请幼儿说一说、演一演）

（3）幼儿一起讨论明明和妈妈处理生气的情绪方法。

提问：明明妈妈看见明明生气了，用了什么方法？

小结：每个人都会有情绪，例如兴奋、悲伤、害怕等，处理情绪的方式也会不同。生气也是一种情绪，我们要正确面对，合理地舒缓情绪，把不好的情绪释放出来。生气了还可以听听音乐，做运动，和爸爸妈妈一起说一说。让自己变得快乐吧！

对父母的指导要求：

1. 读懂和接纳孩子的情绪

幼儿时期孩子的语言发展还不够完善，所以不能用完整的语言表达自己的情绪和与人交往，当孩子出现生气的情绪时，可能会出现打人、摔东西，破坏等行为。随着年龄的增长，孩子的语言能力会得到一定的发展，情绪的表达会得到改善。作为家长，我们要理解，家长首先要读懂和接纳孩子的情绪，然后帮助孩子疏导负面情绪。

当孩子出现负面情绪时，家长可以给予孩子一个拥抱，或平静地与之交流。在交流的过程中，家长要尽量用词语来描述孩子的情绪，例如："别人拿了你的东西，你是不是很生气？""你的小飞机坏了，你是不是很伤心？"引导孩子认识自己的情绪。

2. 培养幼儿对于情绪的调节能力

首先，引导幼儿学会疏导负面情绪的方法。可以用语言正确地表达情绪，例如："你抢了我的玩具，我很生气。"暴力的手段，不是表达情绪的好办法。

其次，培养幼儿面对问题的解决方法。不是所有的愿望都会实现，对于解决不了的问题、达不成的愿望、得不到的东西要有耐心，对于不能实现的想法也能够放手。

最后，要培养幼儿的正确沟通习惯，在交往中学会用沟通的方式来解决问题。

任务二 幼儿早期自我意识、性别角色与学习支持

情境导入

区域活动时间，小班的天天和淘淘正在一个桌上玩积木游戏。天天从盒子里拿出自己需要的积木正在摆放，淘淘一把抢了过去说："这是我的。"天天又选择其他积木，淘淘又过去抢，两人拉扯间淘淘说："这是我的，你还给我。"天天说："这是幼儿园的，你可以重新拿一个或者和我交换。"

思考：为什么淘淘一直说玩具是他的？哪个幼儿的自我认知发展得更好？

知识锦囊

一、自我意识

（一）自我意识概念

自我意识是一种多维度、多层次的复杂心理现象，它由自我认识、自我体验和自我控制三种心理成分构成。这三种心理成分相互联系、相互制约，统一于个体的自我意识之中。

（二）幼儿自我意识发展特点

1. 自我感觉的发展（1岁前）

幼儿在1岁前，不能把自己作为一个主体同周围的客体区分开，直到知道手脚是自己身体的一部分，这是自我意识的最初级形式，即自我感觉阶段。

2. 自我认识的发展（1～2岁）

幼儿会叫妈妈，表明他已经把自己作为一个独立的个体来看待了。更重要的是，幼儿在15

个月以后已开始知道自己的形象。

3. 自我意识的萌芽（2～3岁）

自我意识的真正出现是和幼儿语言的发展相联系的，掌握代词"我"是自我意识萌芽的最重要标志，能准确使用"我"来表达愿望时，标志着幼儿的自我意识产生。

4. 自我意识各方面的发展（3～6岁）

幼儿在知道自己是独立个体的基础上，逐渐开始对自己有简单的评价。3岁以后，幼儿的自我评价逐渐发展起来，同时，自我体验、自我控制也开始发展。4岁以后，幼儿会逐渐加深对自己的认知，开始出现对自己心理特征的描述。5～6岁的幼儿在与他人交往中逐步加深了对自己特征的了解，对于社会性方面的自我概念有所发展。

（三）幼儿自我意识的培养策略

自我意识不是与生俱来的，而是在后天的生活环境中，尤其是个体与社会环境的相互作用过程中逐渐形成和发展起来的，对个体人格发展和社会性发展有着重要影响。

1. 家庭支持

（1）在良好的亲子关系中培养自我意识。家庭是幼儿出生后接触的第一个生长环境，而父母是幼儿接触最频繁的人。安全的亲子依恋关系是幼儿健康自我意识发展的重要条件。父母对幼儿充满爱心，时常对着他微笑、抚摸、说话，给幼儿以安全感；对幼儿的需要作出敏感的反应和回应，使他享受被尊重的满足感；热情地鼓励幼儿的进步和努力；使他体验成就感；帮助幼儿在生活中一点一滴建立自我意识，增强自我认同感。

（2）在自我服务中培养自我意识。2～3岁的幼儿，自我意识开始萌芽，语言和动作发展迅速，对周围世界的认知范围扩大。他们喜欢到处摸索，不要成人抱，甚至不愿意让成人拉着手，他们已经能表达自己的意愿。3～6岁的幼儿，有自己吃饭、自己穿脱衣服、自己扫地等意愿，因此家长应通过各种形式，创造条件让幼儿在生活中做一些力所能及的事，要慢慢培养幼儿"自己的事情自己做"的意识和能力。当幼儿完成一项事情后，家长要及时给予肯定和赞赏。当幼儿的能力得到肯定时，会增强幼儿的自信心，满足他们"我很能干"的自我价值感。

（3）在独立思考中培养自我意识。科学研究表明，幼儿从3岁开始，就会形成自己的意识，开始独立思考和行动。家长应尊重幼儿的想法，不要因为幼儿提的问题过于幼稚而加以嘲笑。当幼儿的答案与家长预期不符时，也不要急着下定论，去否定幼儿的观点，而是要利用幼儿的好奇心和探索欲望，从幼儿的兴趣角度出发，创造机会培养幼儿独立思考和解决问题的能力，尝试在独立做主的过程中，感受失败、获得成功的自我认知，初步进行自我评价。

（4）在相互尊重中培养自我意识。家长与幼儿间的平等对话、相互尊重对幼儿自我意识有着促进作用。家长应视幼儿为自己的伙伴、朋友和自我认识的一面镜子，通过幼儿的言行来不断认识和反思自己，从而更好地与幼儿交流、理解和沟通，走进幼儿的内心世界，不强加成人的评价予以幼儿。家长可以和幼儿约定，进行互相监督，让幼儿感受到被尊重，以此来激励幼儿的主动和热情。在认真执行的过程中，家长要加强对自己行为的监督，进而有效强化幼儿的自我控制能力，为幼儿自我意识的形成创造有利条件。家长应帮助幼儿实现自我调节，正面引导幼儿懂得自己该怎么做，使幼儿实现自我内化的过程由他控变为自控。

2. 社会支持

（1）创设教育环境，帮助幼儿认识自己。贴近幼儿生活经验，创造生活化教育环境，让幼儿处于一个相对轻松、愉悦且平等的环境当中，更有利于幼儿认识自己。在一日生活中，教师与幼儿互相微笑问好、主动交流、快乐游戏，在建立良好师幼关系的同时，促进幼儿形成自我意识。教师在与幼儿沟通和交流的过程中，要充分抓住教育契机，通过提问"你觉得自己表现怎么样""你有什么样的感受""其他人表现怎么样"等一系列问题去激发幼儿思考，使幼儿在客观地认识自己的基础上，也认识他人（如图5-6所示）。

图 5-6　教师引导幼儿通过阅读绘本认识自己

（2）在游戏交往中，完善幼儿自我意识。游戏是幼儿最主要的交往形式，幼儿在与同伴的交往中适时摆脱自我中心，使自我意识达到高级阶段。角色游戏的有效开展，能够帮助幼儿学会站在他人的角度看问题。一开始，教师可以先帮助幼儿互相协调分配角色，启发幼儿制定轮流交换角色的规则，让每个幼儿都有均等的机会扮演自己喜欢的角色。当发生矛盾时，教师也不要急于调和，让幼儿自己尝试用自己的办法解决问题。在一次次语言沟通、思想碰撞中完善自我认知，体验自我价值（如图5-7所示）。

图 5-7　幼儿和同伴进行角色游戏

（3）开展趣味活动，帮助幼儿自我评价。利用一日生活中的过渡环节，组织开展多种形式的活动，将教育蕴藏于游戏中，让幼儿在有趣的游戏中，提升自我评价的能力。通过开展一

些活动，让幼儿认识到自己是独特的，自己很能干，能自己吃饭、穿衣、剪纸、绘画，能跳绳、踢球、跑步，能跳出好看的舞蹈，能唱出美妙的歌声。认识到自己有许多优点，当然也有些不足。自己与他人相比既有相同之处，又有自己的与众不同。在客观评价自我的基础上，学习正确评价他人。

二、幼儿性别角色的学习支持

（一）性别角色概念

性别角色，又称性别作用，指由于人的性别差异而带来的不同的心理特点或行为模式。男性与女性在姿势、神态、举止等许多方面各有不同的特点。

性别角色发展是幼儿自我意识和社会化发展的主要表现之一。性别角色教育是指教育者依据自己对社会性别角色标准的理解，对受教育者性别角色社会化施以影响的过程。有研究表明，在幼儿阶段对幼儿进行性别角色教育有利于幼儿健康人格的形成，形成符合社会发展的性别角色模式，还有利于促进个体社会适应力的发展，所以对幼儿进行正确的、科学的性别角色教育尤为重要（如图5-8所示）。

图5-8　教师在和幼儿对比男孩、女孩的区别

（二）性别角色发展特点

整体来说，儿童性别角色发展包括四个阶段，对于幼儿来说，主要经历了前三个阶段的发展。

1. 知道自己的性别，并初步掌握性别角色认识（2～3岁）

在这一阶段，幼儿的性别概念包括两个部分：对自己的性别认识与对他人的性别认识。其中幼儿先认识他人的性别，时间节点是2岁左右，这时还不能准确说出自己是男孩还是女孩。2.5～3岁时，绝大多数幼儿能准确说出自己的性别。

2. 自我中心地认识性别角色（3～4岁）

这个阶段的幼儿不仅能够明确分辨自己的性别，并对性别角色的认识逐渐增多，如男孩女孩在穿衣游戏等方面存在不同，但是这个时期的幼儿能够接受与性别习惯不相符的行为偏差，认为美观即可，有些幼儿认为男孩子穿裙子也很好看。

3. 刻板地认识性别角色（4～6岁）

这个阶段的幼儿由于思维逐步发展，对男孩女孩在行为方面的区分认识得越来越清楚，同时开始认识到一些与性别相关的心理因素，比如男孩要勇敢大胆，女孩要文静乖巧等。同时，这一阶段的幼儿不仅思维表现出刻板的特点，对于性别角色的认识也是刻板化的，他们认为违反性别角色的习惯是错误的，比如男孩玩娃娃会遭到同性别孩子的反对等（如图5-9所示）。

图 5-9　幼儿在讨论男生、女生的特点

（三）性别角色教育的支持策略

性别角色教育是一个复杂过程，单纯依靠幼儿园教育是远远不够的，还需要家庭与社会等多方面给予支持和帮助。

1. 树立正确的性别角色教育观念

家庭是幼儿早期性别角色意识形成的重要环境，父母对幼儿性别角色的形成产生深远影响。因此，父母要树立正确的性别角色教育观念，在日常生活中重视性别角色教育，不要以刻板印象定位性别角色，也不要对性别有偏见，而是通过日常生活渗透，以自己为榜样，帮助幼儿对性别形成正确的认识。

2. 充分发挥父母在生活中的性别角色作用

在幼儿的成长过程中，需要父母双方的两性参与，才能健康成长。父母的角色有着不同的性别功能，相互互补、相辅相成。父母是幼儿性别角色的启蒙者和模仿对象，父母应在生活中渗透性别角色教育，有意识地强化自己的性别特征，可充分利用游戏、生活事件、角色扮演、亲子阅读等方式培养幼儿性别意识，让幼儿更清楚地看到两性之间的差异，潜移默化地树立自己的性别意识，规范自己的行为，为日后更好地融入社会打下基础。

3. 尊重性格差异，适当进行双性化教育

父母和教师要正确认识双性化教育。幼儿在保持自身性别特质的基础上，还要吸收和学习异性的优秀特质和品质，完善自我人格。无论在幼儿园还是在家庭中，父母和教师都要给幼儿创造宽松、自由平等的机会，不给幼儿随意贴性别标签，不把性别作为分配任务的标尺。鼓励幼儿多和异性游戏、合作，让幼儿在自由的空间中发展成长，最大限度地获得丰富多彩的性别角色体验（如图5-10所示）。

图 5-10　男孩、女孩一起进行读书活动

（1）教育建议：双性化教育。1～2岁的幼儿，接触母亲的时间比较长，一开始不论男孩还是女孩都倾向于跟母亲一个性别，这是暂时的，只要父亲适时干预，带着男孩多多活动游戏，给男孩展现男性的阳刚气质，鼓励男孩每一次的勇敢男子汉行为，时间长了男孩就能对于性别形成正确的认知。母亲可以带着男孩做细致的活动，培养男孩活泼且细腻的性格；父亲可以带女孩运动、劳作，培养女孩勇敢的性格。

（2）教育建议：角色游戏。游戏是幼儿最喜欢的活动，也是幼儿园的基本活动，通过角色游戏，教师应帮助幼儿体验性别角色在生活中的作用。教师或家长可以根据幼儿的性格，鼓励幼儿大胆尝试不同角色，体验不同角色带来的内心感受。比如：过家家时，男孩子也可以体验当"妈妈"，感受生活中妈妈在照顾家人时的耐心和细致；女孩也可以当"爸爸"，体验爸爸在生活中的责任感（如图5-11所示）。

图 5-11　幼儿在角色扮演游戏中进行交流

 **活动案例**

游戏一：抚触游戏（1岁以内）

对于1岁以内的幼儿，家长可以利用家里现有的物品，帮助幼儿认知自己。出于安全考虑，首先可以考虑浴巾、按摩球这些柔软的物品，在幼儿洗澡的时候，家长一边按着幼儿不同的部位，一边告诉他名称，也可以跟着音乐一起来，触摸幼儿不同的部位，告诉幼儿身体不同部位的名称，帮助幼儿认知这些部位。

游戏二：照镜子

1~2岁的幼儿，自我认知开始萌发，家长可以和幼儿玩照镜子的小游戏，增强幼儿的自我认知。家长抱着幼儿面向镜子，引导幼儿注意到镜子里的自己。"宝宝，快看，镜子里的是谁啊？"让幼儿自己观察镜中的自己，发现自己，认识自己。家长说指令，幼儿做动作，观察镜子里相应出现的动作。如："宝宝，眨眨眼睛！宝宝张张小嘴吧！""宝宝，拉拉小耳朵，摸摸小鼻子！"

游戏三：找朋友

3岁的幼儿，已经可以用简单的语言介绍自己，发现自己与他人的不同之处。利用《找朋友》的歌曲在班级开展游戏，教师可以先来找朋友，当音乐停止时教师找到谁，谁就来介绍自己，如自己的姓名、性别、喜欢的食物等。通过语言帮助幼儿认识自己，了解自己与他人不同。

游戏四：角色游戏

4~5岁正是幼儿社会性发展的萌芽阶段，家长和教师都可以利用角色游戏帮助幼儿自我认知，在角色体验中体现自我价值。如在"过家家"的角色游戏中，幼儿通过协商选择喜欢的角色，有爸爸、妈妈、宝宝、姐姐等角色，妈妈在厨房做饭给家人吃，宝宝和姐姐一起玩玩具或整理物品，爸爸下班回家……每个人通过不同的角色体验，在与他人对话、互动中感受自己的角色在家庭中的价值。幼儿可通过迁移生活经验，联系生活，完善自我认知。

游戏五：猜猜他是谁

5~6岁的幼儿自我评价的能力逐渐加强，家长和教师可通过游戏引导幼儿观察自己的特点，通过比较、介绍、展示等环节，帮助幼儿形成积极的自我评价。家长或教师可以让幼儿看看自己小时候的照片，请幼儿猜猜这是谁，这个人有什么特点，猜出来后请幼儿进行自我介绍（优点和缺点）和才艺展示，发现自己的与众不同，使其增强自信心，提升对自己的正确认知。

游戏六：辩论赛

活动目标：

（1）了解男孩和女孩的性别差异，愿意大胆表述自己的想法。

（2）能愉悦地接纳自己，并欣赏异性的优点。

（3）体验与异性同伴合作游戏的快乐，接纳并喜欢异性同伴。

活动过程：

（1）提问引发辩论赛主题"男孩和女孩有什么不同？你觉得做男孩好还是女孩好"？

（2）幼儿根据自己意愿分成两组进行辩论。

辩论规则：双方要相互尊重，别人在发言时要认真听，鼓励幼儿畅所欲言，展现各自的性别个性，并能认可自我、悦纳自我。

（3）相互交流彼此的优点，相互学习欣赏，让每个人的心中都能容纳他人更多的优点。

任务三　幼儿早期交往行为与学习支持

⬇ 情境导入

1岁的豆豆、米米、乐乐开始上托育班啦，为了让宝宝们更好地适应，妈妈们在一个月前开始每周带他们熟悉一次托育班的环境。在正式入托的时候，妈妈们在陪伴了一段时间后准备离开，豆豆表现出一丝丝的不情愿，但不多久后就开始继续活动；米米对妈妈的离开没有任何反应，继续进行自己的活动；而乐乐则大喊大叫，拉着妈妈哭闹不停，在妈妈离开后还是伤心哭泣。

思考：为什么三个宝宝的反应如此不同？哪个宝宝的亲子关系发展最好？为什么？

📖 知识锦囊

一、亲子交往

（一）亲子交往概念

亲子交往是指儿童与其主要抚养人之间进行的，伴随情感关系的交往过程。由于这种交往主要是孩子与父母之间进行的，因此人们也常常把它称为亲子关系。依恋是亲子关系的最初形式，也是与他人建立关系的基础，如图5-12中体现出来的家庭依恋关系。

图 5-12　幼儿和父母在一起情绪稳定

（二）亲子交往发展的阶段

1. 依恋的发展

（1）无差别社会性反应阶段（0~3个月）。此阶段的幼儿对所有人的反应都是相同的，没有形成对母亲的特别喜欢，也最喜欢注视人的脸。任何人对幼儿的身体抚触都能让幼儿身心愉悦。

（2）有差别社会性反应阶段（3~6个月）。此阶段的幼儿对熟悉的人和陌生人的反应有了区别。对熟悉的人尤其是母亲表现出微笑、咿咿呀呀的声音等，对陌生人则反应较少。此阶段的幼儿可以继续接受陌生人的照料，但对于熟悉的人的离开，会有不安的表现。

（3）特殊情感连接阶段（6个月~3岁）。此阶段的幼儿对母亲（依恋对象）的偏爱越来越强烈。当母亲（依恋对象）在身边时，他们会感到安心，并且去主动探索周围世界（如图5-13所示）；离开母亲（依恋对象）后会有分离焦虑，并回避陌生人，回避不了时会产生陌生焦虑。

图 5-13　幼儿和妈妈在一起非常有安全感

2. 依恋的类型

艾斯沃斯根据幼儿在陌生情境中的行为，将幼儿的依恋行为分为三种类型。

（1）回避型。回避型的幼儿更容易适应陌生的环境，对母亲（依恋对象）的出现不会表现出特别高兴，离开时也不会表现出特别难过，对母亲（依恋对象）和陌生人的反应差别较小。这类婴幼儿在实质上并未与母亲（依恋对象）形成特别亲密的情感联系，因此，有学者称他们为"无依恋幼儿"。

（2）安全型。安全型的幼儿与母亲（依恋对象）在一起时会安心地进行自己的活动，只会用眼神确认母亲（依恋对象）在身旁，不会频繁纠缠。当母亲（依恋对象）离开时，幼儿的活动会受到影响，并且试图寻找；而当母亲（依恋对象）重新回到身边时，幼儿会急切地寻求和母亲（依恋对象）亲热，之后很快平静下来，继续活动。

（3）矛盾型。矛盾型的幼儿最常见的表现就是分离焦虑。当与母亲（依恋对象）分离时，他们会没有安全感，哭闹不止；当母亲（依恋对象）回到身边时，幼儿既想与母亲（依恋对象）亲近，又会抗拒与母亲（依恋对象）接触，常有责怪发怒的样子，且较难回到前面的活动中去。

三种关系中，安全型依恋是最理想的一种关系。

（三）建立良好亲子关系的支持策略

亲子交往作为互动的过程，有着固定的影响因素，主要包含两个方面：一是父母方面的影响，父母的性格、爱好、教育观念、教养方式、受教育水平、社会经济地位、宗教信仰以及父母之间的关系等，对亲子关系有着直接或者间接的影响。二是幼儿方面的影响，幼儿自身的性情、性别、气质类型、发展水平等方面也会对亲子关系产生影响。此外，家庭结构及规模、幼儿的出生顺序等也是不可忽略的因素。

1. 鼓励父母承担抚养责任，避免与幼儿的长期分离

父母与幼儿的长期分离会造成幼儿的分离焦虑，影响幼儿正常的心理发展。幼儿出生后6～8个月以后，迎来了与他人建立情感联系的关键期与敏感期。如果这个时候父母忙于工作，错过与幼儿建立亲密关系的机会，则得不偿失。因此父母不管面临什么样的困难，都要尽量自己负担养育、教育幼儿的责任。

2. 引导父亲重视父亲角色，增加与幼儿交往的机会

在当前社会中，随着父亲缺位问题日益严重，父亲教育的重要性逐渐得到重视。加强幼儿与父亲的交往，会将更多的男性宝贵精神渗透于幼儿的精神生活。与母亲相比，父亲具有更加坚毅、独立、挑战和冒险精神等宝贵的品质，是幼儿学习和模仿的样板。同时，父亲较为激烈的运动方式，如举高、来回摇晃等冒险性运动，会给幼儿大脑带来大量刺激，促进幼儿心理和

生理发展（如图5-14所示）。

图 5-14　爸爸和幼儿在玩游戏

3. 帮助父母形成正确的育儿观和教养方式，促进家庭形成良好的家庭氛围

父母的育儿观和教养方式直接影响着亲子关系的建立。心理学家鲍姆雷特将父母的教养方式归纳为以下四种主要类型：

（1）权威性。父母对幼儿的态度积极肯定，热情地对幼儿的要求、愿望和行为进行反应，尊重幼儿的意见和观点，在幼儿的学习成长过程中，有明确的要求和规则。在幼儿发生不好行为时，明确提出批评和引导，对幼儿的良好行为表示表扬和鼓励，支持幼儿的探索行为。权威型的父母教育出的幼儿有着较强的独立性，能够积极主动解决问题，自尊心较强，并且喜欢与人交往，对人友好，社会适应能力较好。

（2）专制型。父母给予幼儿的情感较少，在日常生活中对幼儿比较漠视，很少从幼儿的角度考虑问题，不了解幼儿的需求和愿望。在幼儿违反规则时会表示愤怒，甚至采用严厉的惩罚措施；对幼儿的良好行为则反应热烈。在此种教养方式下成长的幼儿缺乏自主性，会表现出胆小、怯懦等状态，在交往中会产生自卑感，自信心较低，容易情绪化，不善于与人交往。

（3）放纵型。父母对幼儿有着浓烈的情感，但是在表达上缺乏控制，对幼儿的行为没有任何要求，任其自由发展。当幼儿出现违反规则的行为时采取忽略或者放任的态度，几乎不发怒、批评及纠正幼儿。此种教养方式成长的幼儿较爱冲动，缺乏责任感，较难服从管教，对自身行为没有自制力，自信心也较低。

（4）忽视型。父母对幼儿没有浓烈的情感，对幼儿的行为没有用心关注和积极回应。家庭中亲子互动几乎没有，觉得幼儿的行为影响到自己的生活和心情，容易流露出厌烦、不想搭理的态度。此种教养方式下成长的幼儿往往容易冲动，产生不良行为，如攻击性行为；在交往过程较少为他人考虑，因为缺爱所以对他人缺乏热情和关心，人际关系较差，特别是在青春期有可能出现不良行为问题。

家庭结构是和谐家庭环境的基础，我国现有的家庭结构主要有两种：一种是"核心家

庭",即父母与孩子两代人组成的家庭;另一种是"三代人家庭",即孩子与父母、祖父母三代人同时生活在一起。家庭结构对家庭环境影响最大的是祖辈和父辈在教育观念上的矛盾冲突。因此,不管是核心家庭还是三代人家庭,都要注重保持教育观念的一致性,这是营造良好家庭环境的核心。

二、同伴交往

(一)同伴交往的概念

同伴交往是指同伴之间通过接触产生互相影响的过程。在同伴交往过程中形成一种重要的人际关系——同伴关系。同伴关系是幼儿社会性发展的重要内容,也是社会性其他方面发展的主要背景(如图5-15所示)。

图5-15　和谐友好的同伴关系

(二)幼儿与同伴交往的发生发展

1. 同伴交往的发展

有研究将2岁以内幼儿同伴交往的发展分成了三个阶段:

第一阶段:物体中心阶段。0~12个月的幼儿的相互作用主要由玩具或物体引起,而不是指向同伴。他们的注意力主要在具体的物体上,甚至会把出现的同伴当作玩具或物体来看待。

第二阶段:简单相互作用阶段。12~18个月的幼儿开始出现个别的带有回应性特点的交往行为,对同伴的一些行为作为回应。在这个阶段幼儿的交往中,我们会经常看到一个有趣的现象:A、B两个幼儿经常会同时抓住同一个玩具,如果A幼儿大喊一声,B幼儿也会大喊一声,如果没有成人的干预,也许两名幼儿会一直在大喊中进行下去,并且声音会越来越大。但这种现象只是对同伴的行为的简单回应,不带有任何的复杂情绪。

第三阶段:互补的相互作用阶段。18个月以后的幼儿之间出现了复杂一些的社会性互动行为,模仿同伴的行为更为明显,同时也出现了互相补充、帮助、对立的行为,如一起拼搭积木、追赶游戏、争抢玩具等。

幼儿之间的同伴交往大多是在游戏情境中发生的。3岁前幼儿以独自游戏为主,3岁以后,游戏中的同伴交往逐渐开始。3岁左右,幼儿游戏中的交往主要是非社会性的,幼儿以独自游戏或平行游戏为主,彼此之间没有联系,各玩各的。4岁左右,联合游戏逐渐增多,并逐渐成为主要的游戏形式。在游戏中,幼儿彼此之间有一定的联系,例如说笑、互借玩具,但是这种联系是偶然的,没有组织,彼此间的交往也不密切,这是幼儿游戏中社会性交往发展的初级阶段(如图5-16所示)。

图 5-16　幼儿和同伴在游戏发生了分歧

　　5岁以后，合作游戏开始发展，同伴交往的主动性和协调性逐渐发展。合作游戏是幼儿游戏中最高的水平，在游戏中，幼儿分工合作，有共同的目标、计划，幼儿必须服从一定的指挥，遵守共同的规则，互相协作（如图5-17所示）。

图 5-17　幼儿进行合作游戏

　　此外，幼儿早期同伴交往主要是与同性别的幼儿交往，而且随着年龄的增长，这种现象越来越明显。

2. 依据游戏的社会性特点划分的游戏类型

　　（1）独自游戏。独自游戏指幼儿独自玩，在没有玩伴意识时期的一种游戏情形。

　　（2）平行游戏。平行游戏是一种两人以上在同一空间里进行的，以基本相同的玩具玩着大致相同的内容的个人独自游戏。

　　（3）联合游戏。联合游戏又称分享游戏。它是由多个幼儿一起进行同样的或类似的游戏，没有分工，也没有按照任何具体目标或结果组织活动。

　　（4）合作游戏。合作游戏是幼儿后期出现的较高级的游戏形式，是一种有着共同需要、

共同计划、共同协商完成的游戏活动。

（三）建立良好同伴关系的支持策略

1. 帮助幼儿建立安全的依恋关系

安全的依恋关系有利于形成良好的亲子关系，良好的亲子关系可以促进同伴关系的发展。前面，我们介绍了安全型的依恋有助于幼儿形成积极、合作、独立等良好的品质。因此，要形成良好同伴关系，首先要建立良好的亲子关系。

2. 提高幼儿语言交流能力

语言是人类交流的重要工具，同时在幼儿社会性发展过程中起着重要的作用。在交往过程中，除了肢体动作，口头语言是幼儿同伴交往成败的重要决定因素。在家庭教育中，家长要在生活的方方面面促进幼儿语言能力的发展，鼓励幼儿用肢体和口头语言与同伴进行交流。

3. 为幼儿交往提供物质支持

幼儿早期发展阶段的同伴交往以玩具为主要介质。玩具的类型大大地影响了幼儿同伴交往的质量。在幼儿共同摆弄玩具的过程中，会产生一系列的交往问题，从而刺激幼儿去思考、解决这些问题，进一步促进了幼儿同伴交往的发展。研究表明，大型玩具（滑滑梯、蹦床、安吉游戏）比小型的可以独占的玩具更能促进幼儿同伴交往的积极性。因此，给幼儿提供合适的玩具是至关重要的。

4. 增加同伴交往的机会

在条件允许的基础上成人要尽可能地给幼儿创造和同伴交往的机会。在与同伴交往过程中，幼儿之间产生思想的碰撞，感受到合作的快乐以及产生矛盾的痛苦，从而认识到自己和别人的不同，尝试提高自己的交往能力。因此，成人要多带幼儿参加家庭以外的活动，如托儿所、亲子园、社区组织的亲子活动等，并且鼓励幼儿在活动过程中和同伴多交往，丰富幼儿的交往经验。

5. 培养同伴交往的策略

自我中心是幼儿早期发展的必经阶段，在2～3岁时，幼儿的自我意识发展到自我中心主义阶段。在这个阶段，幼儿迎来了自己人生的第一个叛逆期，如果任由幼儿顺其发展，则会大大影响同伴交往。因此，成人要给幼儿适当的干预，培养幼儿同伴交往的策略和方法，克服自我中心主义，为以后的社会性发展奠定基础。在日常生活中，成人要让幼儿在游戏中感受不同角色，体验友好、合作等美好品质带来的快乐。

6. 用强化促进良好的交往行为

强化是促进幼儿良好的交往行为的重要方法之一。成人要经常运用正强化（如亲吻、表扬、奖励等）提高幼儿合作、互助等良好交往行为发生的频率，同时，运用负强化减少幼儿错误的交往行为。在这里，成人要正确区分负强化和惩罚之间的区别。

三、师幼交往

（一）师幼关系的概念

师幼关系是指托幼机构教师与幼儿在保教过程中形成的比较稳定的人际关系。亲子关系有天然的自然性，师幼关系是一种职务性人际关系，虽然也是一种"教学"关系，但又不同于教育者和被教育者之间的教育关系，师幼关系带还有一些情感性。

（二）师幼关系的类型

师幼关系有诸多类型，不同的教师和幼儿形成的关系具有较大的差异性。李红根据我国当前托幼机构的实际，将师幼关系分为以下三种类型：

1. 亲密型

在师幼互动中，如果教师像妈妈一样关心爱护幼儿，用爱心照顾，用耐心引导，用目光、身体多和幼儿接触，遇到事情多鼓励、表扬，幼儿和教师会建立依恋感，进而形成亲密的、和谐的师幼关系（如图5-18所示）。

图 5-18　教师和幼儿进行户外吹泡泡游戏

2. 紧张型

紧张型师幼关系的形成多因教师对幼儿的态度所致。特别是行为习惯不良的幼儿，教师如果表现出没有耐心、态度冷漠，幼儿就会对教师疏远，甚至紧张、对立。

3. 淡漠型

教师对幼儿的行为一直是一种忽略的态度，对幼儿好的行为既不予以表扬鼓励，对幼儿不良的行为也不引导纠正。久而久之，幼儿对教师的存在没有特别强烈的感觉，就会形成一种互相淡漠的关系。

（三）建立良好师幼关系的支持策略

1.教师尊重幼儿的差异性，平等对待每一位幼儿

教师必须有正确的儿童观，每一名幼儿都是独立的、完整的个体，不属于父母、教师或者任何人。首先，教师应该在人格上和幼儿是平等的，成为幼儿的引导者、支持者、帮助者。其次，每名幼儿的性格特点、发展水平具有较大的差异性，教师应该一视同仁，多站在幼儿的角度思考问题，理解幼儿、观察幼儿、尊重幼儿。

2.对幼儿的行为作出积极的回应

幼儿教师应该具备敏锐的观察力，要善于捕捉幼儿的眼神、表情和动作，了解每一位幼儿的兴趣和发展水平，关注幼儿情绪情感的微妙变化和心理需求。同时，教师对幼儿的行为要作出积极的回应。当幼儿遇到困难时，教师要及时给予鼓励和解决问题的方法；当幼儿获得成功时，教师要及时给予表扬；当幼儿有不良行为时，教师要给予最大的耐心进行引导和鼓励。积极而有效的回应会促进幼儿活动的积极性、主动性和创造性，促进幼儿身心各方面的健康发展。

3.通过多种途径主动与幼儿建立良好的师幼关系

教师可以主动寻找多种方法去建立亲密型的师幼关系。幼儿开始对教师是陌生的，需要教师主动与幼儿建立关系，如：可以通过睡前、饭后、集体的谈话，也可以通过晨间接待、自由活动时个别的亲密谈话；教师化身活动的合作伙伴，主动参与幼儿的活动（如图5-19所示）。通过一系列的方法，教师可以进一步了解幼儿，增进幼儿对教师的情感，为建立良好的师幼关系奠定情感基础。

图 5-19　教师和幼儿一起参观国庆节画展

不同类型的依恋关系决定了孩子与妈妈分离的反应。三个孩子恰好代表了三种依恋类型，豆豆是典型的安全型，米米是回避型，乐乐是矛盾型。

三个孩子中豆豆的亲子关系发展较好，因为安全型依恋是最理想的一种。依恋是幼儿早期生活中最重要的社会关系，同时是幼儿社会性发展的起点，是幼儿性格形成、智力发展、人际关系发展的基础。安全型依恋有助于幼儿形成积极向上的健全的人格，提高幼儿的智力发展，帮助幼儿在以后和他人建立良好的人际关系，从而更好地适应社会。

🏅 活动案例

案例一：托班亲子活动游戏"小手帕"（2～3岁）

该游戏能锻炼幼儿的交往能力，教师和家长在游戏中应根据幼儿的实际能力，及时调整游戏的难易程度，以防幼儿因不能成功、失去信心而拒绝游戏。

活动目标：

（1）观察和欣赏手帕，感知手帕的美。

（2）能积极参加活动，体验游戏的乐趣。

活动准备：教师熟悉幼儿小名，每位幼儿手中有一块手帕。

活动过程：

（1）教师手拿手帕，引导家长带领自己的孩子坐到教师身边。

——"宝宝们好！让我们一起来欣赏你们的手帕吧！"

（2）教师与幼儿逐个拉手，同时问好。

——"××，你好。"

（3）幼儿出示手帕，向大家问好并介绍自己的手帕。

——"大家好！我是××。这是我的手帕！"（鼓励幼儿讲出手帕的颜色、图案等）

对父母的指导要求：

介绍过程是一种社会交往过程，主要为了培养幼儿的积极态度和健康情绪。因此在介绍过程中，家长要关注幼儿的介绍态度与自信程度，不要在乎幼儿表述时的反复和不流畅。

案例二：培养幼儿良好情绪的游戏

当幼儿陷落在情绪的旋涡里，成人的说理、劝解其实全都无用。这时，最好的办法就是用幼儿喜欢的游戏，来化解他们的情绪困境，并在这个过程中让幼儿懂得：有负面情绪是正常

的；在遭遇负面情绪时，要想办法让自己依然能行动起来；最终让自己重新获得积极、正面的力量，去处理问题、去享受生活中的其他乐趣。

游戏一：赶走坏情绪

玩拼图游戏时遇到挫折，搭得高高的积木一下子倒掉，心爱的玩具被不小心弄坏……有太多小事，在成人看来微不足道，但对幼儿来说，那一瞬间却好像世界崩塌。这时候幼儿的情绪反应激烈，家长和老师必须放下"这有什么大不了"的念头，跟幼儿站在一起，换到他的立场去理解和体会，然后，用一些小游戏带着他跳离情绪陷阱。

游戏推荐：数颜色。

这是一个简单实用、在任何地方都能做的小游戏。可以由幼儿选择一种颜色，然后轮流在周围空间里寻找它。根据幼儿的年龄、能力程度，可以玩出不同的变体：年龄很小还不太会数数的幼儿，可以简单地指出"这里有一种颜色、那里也有一种颜色"；对于已经会数数但还数得不多的幼儿，可以和他一起数；已经数得很好的幼儿，就可以分头找和数，最后看看谁找到的颜色多。

治愈效果：这个游戏能让幼儿将注意力转移到外部世界，并与周围环境、多种事物建立起联结，从而自然地离开内心的负面情绪，不被负面情绪"卡住"。

游戏二：缓解分离焦虑

适龄幼儿多多少少都会抗拒上托育班或者幼儿园，不是因为教师不好，而是因为他舍不得家、舍不得爸爸妈妈。即便是在那里玩得很开心的幼儿，在早晨入园时，也会跟爸爸妈妈难分难离。

游戏推荐：爱的口袋。

每天早晨，在幼儿的口袋里装上很多很多的"爱"，添加一个具体可感的仪式，比如猛吹一口气到拳头里，再小心翼翼地放进幼儿的口袋，要做得夸张、动感，就像有神奇的魔法一样，要把全身上下每一个口袋都装满。告诉幼儿，在幼儿园如果想爸爸妈妈了，或遇到困难了，从口袋里掏出"爱"，就会感觉到爸爸妈妈陪在身边。

治愈效果：这个游戏用具体可感的行动，加上对情感的想象，让幼儿对爸爸妈妈的爱产生充分的信心，从而获得安全感。而有安全感的幼儿会更独立，更乐于向外探索。

任务四　幼儿早期社会行为与学习支持

📥 情境导入

　　游乐场里，4岁的齐齐、丁丁和莎莎在沙坑里玩游戏。齐齐在建动物城堡，他一边用手把沙子堆起来一边嘴里说着："得用什么拍一拍。"接着他转头看了看，发现丁丁的脚底下有一个黄色小铲子，便顺手将铲子拿了起来，正要准备铲，"这是我的铲子，不给你！"丁丁一把抢过铲子，一手推开齐齐。齐齐顿时大哭起来，莎莎看到后就将自己手里的红色小铲子递给齐齐，"我有，给你，我想和你一起玩。"齐齐看着莎莎给的铲子抹了抹眼泪，说了声"谢谢！"之后两人一起进行游戏。

　　思考：分析三个幼儿的社会性行为，借此如何对幼儿进行教育？

📖 知识锦囊

　　《心理学大辞典》中将社会性行为定义为对社会刺激产生的外显或内隐的反应，其表现形式包括表情、姿态、言语、语气、活动等。社会性行为一般会指向另一方，因此社会性行为也就是具体的交往行为。

　　社会性行为根据目的和动机分为亲社会性行为和反社会性行为两大类。

一、亲社会性行为

（一）亲社会性行为概念

　　亲社会性行为又称为积极的社会性行为或亲善行为，是指一个人帮助或者打算帮助他人，做有益于他人的事的行为和倾向。亲社会行为是社会之间维系良好关系的重要基础，包含关心、爱护、分享、共情、帮助、合作、谦让、礼貌等。亲社会行为能促进社会的稳定和发展，让人们存在于有爱的环境中，是人类社会所肯定和弘扬的（如图5-20所示）。

图5-20　亲社会行为中的友好的同伴行为

（二）亲社会行为的发展阶段

从认知因素出发，社会心理学家巴塔尔等人进行了众多研究，归纳出亲社会行为的六个发展阶段。

1. 阶段一：顺从及具体的强化物

这个阶段人的亲社会行为是受痛苦或快乐的经验所驱使，没有责任和义务。他们之所以展示亲社会行为，是因为完成这件事后能获得具体的好处。

2. 阶段二：顺从

此阶段人的亲社会行为是为了顺从权威。他们之所以展示亲社会行为，是因为要获得肯定和表扬，避免受到惩罚。

3. 阶段三：自发和具体回报

此阶段人会自愿展示亲社会行为，但是此行为伴随着要求对方的具体回报。

4. 阶段四：规范行为

此阶段人的亲社会行为是为了遵守社会规范，为了得到赞许并使他人得到快乐。

5. 阶段五：普遍的互惠互利

此阶段人的亲社会行为是遵循"我为人人，人人为我"的原则，是建立在抽象契约基础上的互惠互利的社会共识。

6. 阶段六：利他行为

此阶段人的亲社会行为满足了利他的三个条件：自发、自愿、对他人帮助。但不期待他人回报，而是为了获得自我的满足感和自尊。

以上六个阶段并不是按照年龄划分，同时也非所有人都能达到最高阶段。因此，帮助他人而获得自我满足的状态是我们教育所追求的目标之一。

（三）亲社会行为的特点

1. 幼儿的亲社会行为几乎不存在性别差异，而且会随着年龄的增长而增多

研究表明，幼儿亲社会行为的性别差距很小，男女所呈现的行为几乎不存在差异。同时，幼儿的亲社会行为水平呈不断上升的趋势，表现为大班幼儿亲社会行为水平显著高于中小班幼儿。但是，亲社会行为的各个种类发展是不均衡的，大、中、小班幼儿的助人、分享与公德行为是持平的，而合作行为则会随着年龄的增长而不断提高。由于幼儿的合作意识、规则意识、自理能力等随着年龄增长而增长，所以幼儿之间的合作行为会随着年龄增长而增多，进而表现为大班幼儿亲社会行为水平显著高于中、小班幼儿。

2. 幼儿亲社会行为更多的指向同伴，很少指向成人

国内学者王美芳研究指出，幼儿的亲社会行为中90%左右指向同伴，5%～10%指向成人和无明确对象。这主要因为幼儿的亲社会行为大多发生在自由活动时间。

3. 幼儿亲社会行为指向同性与异性伙伴的次数有差异

由于幼儿对于性别角色的认知发展是不同的，且会随着年龄的发展有所提升。研究指出，4～5岁幼儿仅能对自己的性别进行自认，处于"基本性别统一性"阶段，此阶段幼儿选择伙伴的性别不存在明显的差异。5～7岁儿童能够稳定准确地认识自己的性别，同时还能正确识别他人的性别，达到"稳定性阶段"，此阶段的儿童更多选择同性别伙伴作为交往对象。

所以幼儿亲社会行为指向同性和异性的比例随着年龄的增长而变化，一般小班时差异不大，中、大班亲社会行为指向同性的人数显著多于指向异性伙伴的次数。

（四）建立亲社会行为的支持策略

幼儿亲社会行为受诸多因素的影响，主要受到个体因素和环境因素的影响。个体的认知发展水平和移情能力以及一定的遗传影响着幼儿的亲社会行为。幼儿认识水平发展越高、移情能力越强，其亲社会行为越多。同时，在人类进化历程中，人类为了维持自身的生存和发展，逐渐形成了亲社会行为的反应模式和行为倾向，逐渐形成亲社会行为的遗传基础。

在幼儿生长过程中，同伴关系、家庭关系、社会文化、大众媒体对其亲社会行为都起到了重要的影响。同伴关系越和谐、家庭环境越良好、社会文化越平和、大众媒体宣传越正向，幼儿的亲社会行为越广泛。

1. 营造良好环境，引导幼儿感知亲社会行为

幼儿靠直接感知和模仿来进行学习，周围环境中的人、事、物都是幼儿模仿的对象，都会影响幼儿对于事件的认知，从而影响幼儿产生不同的行为。

（1）创设和谐的人际环境，树立良好的榜样。教师在幼儿心中一直是权威的存在，幼儿会自主地学习和模仿教师的行为。因此教师应当处理好自身的人际关系，时刻在幼儿面前保持正向的积极的生活态度，做好一言一行，成为幼儿正向学习的榜样。同时，教师应适当鼓励幼儿好的行为，有意地引导幼儿学习正向的文学艺术作品，让幼儿感知学习美好的、正能量的行为。

（2）做好班内园内的环境创设。幼儿一日生活的大部分时间都在幼儿园中，幼儿园及其班级的环境对幼儿有着潜移默化的影响，阳光的积极的环境创设能促进幼儿亲社会行为的发展。教师可以让幼儿适当地参与到环境创设当中，引导他们在环境创设中发散爱心、激发亲社会意识（如图5-21和图5-22所示）。

图 5-21　幼儿园里设置的图书阅读室

图 5-22　幼儿园创设的优美的自然环境

（3）利用现代媒体的传播和影响作用。现代社会被信息技术所环绕，人们的生活深受影响。不过，技术是一把双刃剑，要更好地利用才能形成良好的影响。我们可以利用多媒体技术选择优秀的作品，帮助幼儿学习正向的知识、强化良好的行为，从而内化为自己的行为。

2. 利用移情，增强感知，培养亲社会行为

利用移情让幼儿在他人的角度上感知行为对于对方的影响，学会站在他人处境上思考问题。

（1）利用一日生活的事件引发幼儿移情。生活中有很多事情都能够促进幼儿移情感知。比如，在幼儿遇到困难时，让同伴帮助解决，并请遇到困难的幼儿分享别人帮助自己时的心情。同时教师可创设各种遇到困境的环境，然后请幼儿体验帮助和被帮助的快乐。设置心情卡，请幼儿在体验各种环境后放置自己的心情卡。

（2）利用游戏、故事绘本、角色扮演等方式培养亲社会行为。创设各种游戏、故事、角色扮演等，让幼儿身临其境感受不同行为时自身心情的变化，从而站在他人角度感受自身行为的影响（如图5-23所示）。

图 5-23　幼儿通过体育活动增加和同伴的亲密关系

3. 利用家庭、同伴、社区资源培养幼儿亲社会行为的发展

霍夫曼指出，父母给予儿童的爱有助于培养儿童的关爱行为，父母的教养方式能促进儿童关注他人境遇，从而促进他们的移情能力发展。相关研究表明，良好的亲子关系有利于青少年在家庭、社会、学校中表现出亲社会行为。

皮亚杰指出，儿童在同伴间建立起真正的社会交往和社会合作关系是他们从他律道德向自律道德过渡的一个重要原因。郭伯良和张雷的元分析结果显示，儿童亲社会行为和同伴接受有正向关联作用，良好的同伴关系促进亲社会行为的产生。

所以，家长应当鼓励幼儿做力所能及的事情，给幼儿提供发展的空间；让幼儿习得行为界限，使幼儿养成规则意识；给幼儿创造交往的机会，给予他们充分的自由，以促进幼儿在良好的教养方式中养成亲社会行为（如图5-24所示）。

图 5-24　增加幼儿与同伴进行交流的机会

利用社区资源开展社会实践活动，例如参观八路军办事处、养老院送爱心等活动，促进幼儿亲社会行为的发展。

二、反社会性行为

（一）反社会性行为概念

反社会性行为也叫消极的社会行为，是指可能对他人和群体造成损害的行为和倾向。其中，在幼儿中最为突出的是攻击性行为。

攻击性行为也称侵犯性行为，如打人、骂人、推人、破坏他人物品等。攻击性行为不利于形成良好的人际关系，会造成矛盾、冲突，破坏社会和谐与稳定，所以受到社会的反对和抵制。

攻击性行为根据实质分为敌意的攻击行为和工具性攻击行为。前者以伤害他人为目的，后者是为了实现某种目标而形成。这种行为在幼儿中以后者更为常见。

（二）攻击性行为的发展

1.0～2岁

婴儿之间很少有互动，他们的焦点一般集中在玩具和物品上。婴幼儿之间会有生气和争执，但主要原因是对玩具感兴趣而不是伤害他人，真正意义上的攻击并未产生。

2.2～3岁

2岁后，幼儿的攻击性行为有了改变，表现为攻击性行为的总次数逐步增加。2～3岁幼儿通常在父母使用权威来阻碍他们或者激怒他们之后产生攻击行为，这种攻击行为较多以身体攻击方式出现。

3.3岁以后

3岁以后，幼儿对攻击或挫折所引发的报复性行为增加迅速。通常是在和兄弟姐妹或同伴发生冲突后表现攻击性行为。此时，敌意的攻击比例增加，身体攻击减少，语言攻击取而代之。

（三）攻击性行为的特点

1. 幼儿的攻击性行为有明显的性别差异

研究发现，男孩的各种攻击性行为比女孩多，他们容易在受到攻击后采取报复行为，而女孩常常在受到攻击时采取哭泣、退让、报告等方式；且同性之间比异性之间发生攻击性行为的可能性大。

2. 攻击性行为在幼儿时期频繁发生

幼儿时期是社会性发展的萌芽期，这时，幼儿喜欢交往游戏；同时幼儿时期也是自我为中心的阶段，幼儿缺少社会交往经验。两者相互作用下导致攻击性行为的产生，主要表现为为了玩具或物品而产生争抢、破坏现象。

3. 幼儿以工具性攻击为主，更多依靠身体的攻击

多数幼儿常常使用身体动作的方式来解决问题，如推、抢、拉、抓等具体动作，尤其是年龄小的幼儿。

（四）影响攻击性行为的因素

1. 生物学因素

（1）激素作用。一些研究表明，攻击性行为倾向与雄性激素的水平有关，男性的攻击行为要高于女性。不仅是人类，在动物界，雄性动物在受到威胁时比雌性动物更容易产生攻击性行为。

（2）遗传因素。研究证明，父母遗传给幼儿神经性的活动类型会影响攻击性行为，如情绪容易激动、兴奋性强、反应速度等，这些遇到特定事件容易产生攻击性行为。

2. 个体因素

研究指出，个体的气质和性格影响攻击性行为。不同的气质特点决定了个体适应环境的难易程度，难以适应环境的人更容易发生攻击性行为。学者巴斯特对儿童的追踪研究显示，儿童早期的气质特征在一定程度上能够预测儿童可能发生的攻击性行为。同时，儿童的一些心理状态对攻击性行为也有重要影响，例如，自尊心受挫和自卑心理、依恋缺失等儿童更容易出现攻击性行为。

3. 家庭环境因素

家庭应当是幼儿爱和保护的港湾，要能够促进幼儿健康快乐地成长。家庭氛围和父母教养是幼儿行为产生的重要影响因素。父母的不当教养方式和家庭暴力与幼儿攻击性密切相关。美国心理学家拉尔德和帕特森通过研究发现，高攻击性儿童的家庭中父母与儿童之间缺乏情感交流，容易发生冲突和争吵。同时，绝对权威型和过度溺爱型家庭更容易培养出具有高攻击性的儿童。

4. 大众媒体和社会环境因素

具有暴力倾向的大众媒体会向幼儿传播不当交往方式，使幼儿潜移默化学会攻击性行为。美国心理学家班杜拉的研究指出了模仿对幼儿攻击性行为的影响。班杜拉的试验分两组，一组儿童观看成人攻击玩具娃娃，一组儿童观看成人安静地玩玩具娃娃游戏，研究结束呈现出，看到成人攻击性行为的儿童比看到安静玩玩具的儿童更具有攻击性。

（五）纠正攻击性行为的支持策略

1. 帮助幼儿提高认知能力，促进幼儿移情发展

幼儿的认知能力越高，越能够全面分析问题并以合适的方式解决问题。幼儿通过移情能体验他人的情绪，感受他人需要，站在他人角度感受被攻击后的心情，从而促进友爱行为减少攻击性行为。

2. 帮助幼儿掌握交往技能

交往技能是指用合适的方式处理问题、解决冲突的能力。幼儿社会交往经验不足，遇到矛盾和冲突时没有良好的解决方式更容易产生攻击性行为。可以通过场景训练、情景表演等方式让幼儿学会正确处理矛盾的能力，同时在生活中给予幼儿更多自己解决问题的机会（如图5-25所示）。

图 5-25　幼儿逐步掌握社交技能

3. 引导幼儿使用合理的宣泄方式

弗洛伊德指出，攻击是先天的本能，不能消除只能疏导。生活中挫折困难等负面情绪是常见的，要引导幼儿学会正确的宣泄，如玩游戏、哭、做自己喜欢的事等。

4. 适时奖励和表扬

奖励对于幼儿亲社会行为的巩固有着重要的作用，适时的奖励能有效促进幼儿亲社会行为的发展，抑制攻击性行为的发展。在幼儿表现出爱护他人、正确地处理矛盾、帮助他人等亲社会行为时，成人应及时恰当地对幼儿进行鼓励。同时，成人对攻击性行为表示出不满，能让幼儿减少攻击性行为的发生。

5. 建立和谐的家庭关系，做好榜样

和谐家庭关系对幼儿成长有重要作用，家长要在幼儿面前展示出良好温馨的家庭氛围，家庭成员之间遇到矛盾也要使用合理的方式解决，做好幼儿榜样，给予幼儿正确影响。同时，家长要使用正确的方式与幼儿共同交流，有正向和谐的亲子关系。家长要学会倾听和理解幼儿想法，站在幼儿角度考虑问题，从而减少幼儿的攻击性行为。

学以致用

丁丁在有人拿了自己的物品后产生激烈的反应，说明丁丁自我意识有所发展。出现抢、推人的行为，是攻击性行为的表现。

莎莎在看到别人有需要时为他人提供帮助，愿意和他人分享和合作，是亲社会行为的表现。

齐齐愿意和别人一起分享游戏，有积极的社会交往态度。但是，在需要拿别人物品时没有主动询问，需要加强交往能力的培养。

在遇到以上案例情况时，首先需要肯定莎莎的行为并提出表扬，让莎莎形成对于亲社会行为的巩固。同时，引导齐齐和丁丁站在对方角度感受当时对方的情绪。此外，可以和三位家长进行沟通，根据不同情况进行针对性建议。

🎗 活动案例

案例一：托班亲子活动"抱一抱"

活动目标：

（1）在活动中感受拥抱带来的力量。

（2）学会不同表达爱的方式。

（3）掌握正确拥抱方式。

活动准备：每个幼儿和妈妈身上贴号码牌。

活动过程：

（1）教师与幼儿打招呼，请幼儿和家长思考还有什么不同的打招呼方式。

（2）教师点到哪一位幼儿的名字，就请他与旁边的幼儿抱一抱。

（3）教师展示正确拥抱方式，请幼儿与家长拥抱。

（4）家长和幼儿按照教师要求寻找对应数字、相同数字、相邻数字的家庭，幼儿们相互拥抱。

案例二：小班活动"小猫送点心"

活动目标：

（1）学会帮助别人的方法。

（2）在帮助他人的行为中收获快乐。

（3）能够在别人遇到困难时主动帮助他。

活动准备：排练情境练习"小猫送点心"。

活动过程：

（1）观看场景：张爷爷经常帮助小猫家，小猫给张爷爷送点心，在路途中发现一只狼，狼抢走了小猫的点心。情境暂停。

（2）教师询问幼儿遇到的问题，大家讨论怎么办。

（3）请幼儿扮演角色展示不同解决问题的方法，让故事有多种结局。

（4）小猫对于不同的方法给予感谢。

案例三：游戏活动

游戏一：救小鱼

小鱼被怪兽困在了水底，幼儿想办法通关救小鱼，他们通过爬山洞、走平衡、合作运炸弹等环节打败了怪兽，救出小鱼。

游戏效果：在游戏中学会友好合作、培养耐心、学会帮助他人。

游戏二：魔法亲亲

将魔法亲亲装进口袋，去其他班里把亲亲送到其他幼儿手里。

游戏三：亲子游戏"一二三抢"

家长和幼儿各站一边，玩偶放在两人脚下且居中。请另一名家长喊口令，喊到"抢"时，家长和幼儿开始争夺玩偶。

治愈效果：促进亲子关系，培养幼儿的耐心，同时让幼儿体会争抢中失败的感受，并学会正确看待游戏的成功和失败。

案例视频：《我要毕业啦》

知识拓展

埃里克森的心理社会性发展理论

美国心理学家埃里克森将人的一生分为八个阶段，每个发展阶段都会出现一个主要的冲突或危机，是否能成功解决当前阶段的危机，会影响到下个阶段的状态。下面介绍与0～6岁幼儿相关的三个阶段：

1. 信任对不信任（0～1.5岁）

幼儿刚刚来到世界上就迎来了人生的第一个发展阶段，幼儿需要通过与照料者建立良好的关系而产生对环境的基本信任感。如果幼儿的基本需要得到及时满足，如细心的照料、温暖的情感、一致的回应等，幼儿就会对周围环境产生信任感和安全感。反之，则会产生强烈的不信任感和焦虑感。

2. 自主对怀疑（1.5～3岁）

一岁半以后，幼儿运动机能和语言技能逐渐发展，使幼儿操作物体的欲望与能力迅速提升。如幼儿不让母亲喂饭，坚持要自己用勺子吃饭，结果饭粒撒了一地。在这个阶段中，父母应适当地对幼儿的行为加以约束和引导，让幼儿了解哪些行为是被认可的，哪些行为是不被认可的。同时要为幼儿营造宽松而有制约的环境，过多的批评和过高的要求可能抹杀幼儿的探索欲和信心，阻碍幼儿征服新任务的坚韧性。

3. 主动对内疚（3～6岁）

在这一阶段中，幼儿首先形成对当前环境的信任，然后形成对自己的信任，自主感和自信感的树立成为当前阶段的主要任务。如幼儿主动发起的活动被父母或教师认可表扬，自主感和自信感树立，这是幼儿下个发展阶段所必需的品质。反之，幼儿则可能产生内疚感和自卑感，使他们感到没有信心和能力进入下个阶段。

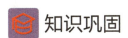 知识巩固

一、选择题

1．幼儿的依恋类型有哪些？（　　）

A．安全型　　　　　　　B．回避型　　　　　C．矛盾型　　　　　D．焦虑型

2．亲子关系的类型有哪些？（　　）

A．权威型　　　　　　　B．专制型　　　　　C．放纵型　　　　　D．忽视型

3．2岁以内幼儿同伴交往的发展分为哪几个阶段？（　　）

A．物体中心阶段　　　　　　　　　B．互补的相互作用阶段

C．相互作用阶段　　　　　　　　　D．简单相互作用阶段

4．师幼关系的类型有哪些？（　　）

A．亲密型　　　　　　　B．专制型　　　　　C．紧张型　　　　　D．淡漠型

5．幼儿情绪的基本特点有哪些？（　　）

A．情绪的生理性　　　　　　　　　B．情绪的稳定性

C．情绪的外显性　　　　　　　　　D．情绪的不稳定性

二、简答题

1．婴幼儿依恋发展的主要阶段有哪些？

2．社会性在幼儿身心发展中有哪些意义？

3．如何促进幼儿之间产生良好的同伴关系？

4．怎样在家庭中促进幼儿情绪的良好发展？

5．如何促进幼儿社会行为的良好发展？

三、案例分析

1．快2岁的楠楠现在越来越黏妈妈了，妈妈每次出门的时候都会带着她，楠楠睁大眼睛好奇地东张西望，看外面的东西和人群，有时候会有不认识的大人来逗她，楠楠会睁大眼睛看着逗她的大人，一点也不害怕。

思考：楠楠的表现与亲子关系有什么关联？

2．快2岁的之之有个邻居家小姐姐，有时候小姐姐到之之家里来玩。不过两个人基本是各玩各的，互不干扰，只有当家人鼓励时，她们才会在一起玩一会儿。但是之之有时会把小姐姐够不着的玩具帮忙递给她，当对方哭泣时，之之也会给姐姐擦眼泪，每次分开时会各自闹一会儿小情绪才平息。

思考：之之的同伴交往特点是什么？

3．在生活中选择一名幼儿进行观察并判断他的依恋类型，谈谈依恋类型对幼儿发展的影响是什么。

单元六　幼儿早期艺术发展与学习支持

✅ 单元导读

　　有人认为只要孩子掌握了正确的技巧，就相当于掌握了一门艺术；还有人认为学习艺术就是考考级，或者学习艺术是为了将来孩子能参加艺考或加分。这些想法都不免对艺术的认识过于简单化和功利化。《指南》中明确提出："幼儿艺术领域学习的关键在于充分创造条件和机会，在大自然和社会文化生活中萌发幼儿对美的感受和体验，丰富其想象力和创造力，引导幼儿学会用心灵去感受和发现美，用自己的方式去表现和创造美。"也就是说艺术教育的核心是感受美、发现美、创造美。本单元将探讨如何支持幼儿早期艺术的发展与学习。

🎯 学习目标

> 1.了解幼儿美术的发展特点，能结合幼儿年龄特征为幼儿发展提供支持与帮助。
>
> 2.了解幼儿音乐的发展特点，能结合幼儿年龄特征为幼儿发展提供支持与帮助。
>
> 3.掌握幼儿美术、音乐教学的原则和方法，并能在实践中综合应用，支持幼儿早期艺术发展。
>
> 4.注重幼儿的艺术体验，养成良好的艺术素养，具有感受美、发现美、创造美的能力。
>
> 5.树立正确的艺术教育理念，传承中华优秀艺术作品，提高审美和人文素养，增强文化自信。

任务一　幼儿早期美术发展与学习支持

⬇️ 情境导入

　　2岁5个月的嘟嘟对画画很感兴趣。有一天,嘟嘟在纸上画了好几个形状大小不一的圆圈(如

图6-1所示），这几个圆圈下笔很流畅也很有力度，她高兴地告诉妈妈她画的是苹果、西瓜和橙子。但是，在妈妈的眼里，她实在看不出来哪个是苹果、西瓜和橙子，于是，妈妈笑着拿起了另一张纸，把苹果、西瓜和橙子画给她看。嘟嘟拿着妈妈画的图画特别高兴。从那以后，只要看见嘟嘟画的图画"不像"，妈妈就会主动画一个作品示范让嘟嘟学习。一段时间后，令妈妈感到意外的是，嘟嘟的绘画不但没有提高，反而作品线条没有以往的舒展流畅，而且力度也减弱了，也开始不爱画画，即使想画什么也都让妈妈来。

　　思考：为什么嘟嘟会出现这种现象？妈妈正确的做法应该是什么？

图6-1　嘟嘟正在纸上画圆圈

📖 知识锦囊

《指南》关于幼儿艺术学习与发展的
基本目标和教育建议

一、幼儿美术活动的发展特点

（一）幼儿绘画能力的发展特点

　　根据世界各国心理学家、幼儿美术教育家的研究，一般将幼儿绘画能力的发展阶段归纳为三个：涂鸦期（1~3岁）、象征期（3~5岁）、图式期（5~8.9岁）。

1.涂鸦期

　　幼儿在1岁左右，就开始在纸上、墙上、地上，用能接触到的工具，如彩笔、蜡笔等留下乱涂乱画的痕迹，幼儿的这种行为称为涂鸦（如图6-2所示）。

　　幼儿最开始的涂鸦并没有明确的目的，就是留下痕迹和乱涂乱画，幼儿沉迷于自己的动作当中，与其说是画画，不如说是幼儿在游戏。通过一段练习之后，在2岁左右幼儿进行有控制的涂鸦，开始能画出一些直线、斜线、螺旋线。幼儿两岁半左右进入圆形涂鸦阶段，开始用大小不一、封口或不封口的"圆形"来表现各种事物，说明幼儿绘画已经有了目的性。如果幼儿在涂鸦的同时开始讲故事，就意味着幼儿进入了命名涂鸦阶段。虽然在涂鸦期幼儿的绘画作品凌乱、没有布局，但涂鸦期是幼儿绘画的准备阶段，涂鸦也是一种积极的学习活动（如图6-3～图6-5所示）。

图 6-2　幼儿拿笔在墙面上涂鸦

图 6-3　幼儿涂鸦作品（单纯的线条）

图 6-4　幼儿涂鸦作品（圆形的出现）

图 6-5　幼儿涂鸦作品（想象力的加入）

2. 象征期（3～5岁）

幼儿3岁左右开始，就进入象征期。象征期是指幼儿开始用图形、点、线象征性地去表现事物的形象。此时，幼儿的绘画有了明显的表达意图，这是幼儿象征期绘画能力的主要标志。这个时期的幼儿在画人的时候，一种最典型的表现就是把人画成火柴人（如图6-6所示）。用圆形表现头，用线条表现四肢。在这一时期，幼儿绘画时往往还是先动笔构思，但容易受到他人影响，看见别人画飞机也开始自己画飞机。这个时期幼儿的绘画能力比涂鸦期有了明显进步，但目的性还有所欠缺。在这个阶段可以多引导幼儿观察，提升幼儿对形象的表现力。

图 6-6　幼儿作品《爸爸和妈妈》

3. 图式期

图式期是指儿童用自己的方法，有目的、有意识地去表现周围的事物。如图6-7所示，幼儿把他印象深刻的爸爸的头发、牙齿、耳朵、眉毛都表现出来，妹妹的小也表现得淋漓尽致。这一时期儿童的绘画已经有了明确的形象，但儿童所画的不是眼睛看到的物体原样，而是以自己为中心，按照自己的概念去画，在色彩、造型和构图等方面也有了明显的进步。这时，儿童的画面呈现出比较完整的轮廓，开始注意一些内容和细节，并使用不同的颜色表现不同的形象。

图 6-7　幼儿作品《我的爸爸和妹妹》

总的来说，幼儿绘画能力的发展都会经历这么几个阶段，但受到遗传和环境的影响，每个幼儿的发展速度会有所差异。了解幼儿绘画的发展每一个阶段的特征，有利于针对性地开展绘画指导。

（二）手工能力的发展阶段

幼儿手工能力的发展和绘画能力的发展路径基本相同，也经历了从无目的活动到有意图尝试的过程。受到认知能力、手部精细动作的影响，手工能力的发展较绘画能力发展晚。

1. 无目的活动期

2岁左右幼儿开始尝试初步的手工活动，从严格意义上来说，这时的手工活动更是一种纯粹的游戏。例如，当幼儿拿到一块面团的时候，就只是无目的地捏一捏、拍一拍或者掰成一小块一小块，很少会去想把面团捏成什么造型，只是觉得面团很好玩，可以变形，更多的是满足于操作过程带来的快感。

2. 基本形状期

随着年龄和经验的增长，到了四五岁，幼儿能够初步制作出简单的形象。4岁左右幼儿就可以用圆形、方形做出简单的造型，例如五角星、球、乌龟、草莓、瓢虫等（如图6-8和图6-9所示）。纸工能力发展较绘画和泥工更晚一些，幼儿4岁左右才开始学会折纸，但在成人的指导下，很快就能学会折一些简单的造型和玩具。

图 6-8　幼儿泡泡泥作品《五角星》

图 6-9　幼儿泡泡泥作品《球球》

3. 样式化期

幼儿在5岁以后手工活动能力大幅度提高，在泥塑活动中开始关注细节。例如，给小动物制作眼睛、鼻孔，如图6-10和图6-11所示。幼儿通过剪、撕、贴、编织等技能进行纸工活动，如图6-12所示。从这个阶段开始，幼儿开始从事的美工活动类型逐渐多样化。

从整体上看，幼儿的手工活动经历了无目的的游戏、体验与尝试、创造与想象三个阶段，并且与绘画能力的发展密不可分，教师可以通过在立体的物品上进行美术创造，来提升幼儿的创造能力。

图 6-10　幼儿泡泡泥作品《天鹅》

图 6-11　幼儿泡泡泥作品《金鱼》

图 6-12　幼儿手工作品《水母》

（三）美术欣赏能力的发展阶段

幼儿美术欣赏能力的发展可以分为两个阶段：感知阶段（0～2岁）和符号的认识阶段（2～7岁）。

从出生到2岁左右，幼儿对外界事物的感知能力与审美能力还未分化，对他们来讲，艺术品也仅仅是刺激他们的感知觉发展。2岁以后，幼儿对美术作品的感知更多的是关注所表现的内容，如果让幼儿对美术作品分类，他们更多地会从美术作品所展现的事物种类来进行，在进行审美评价的时候也更多地从画得像不像、色彩的角度出发。在这个阶段，幼儿还会明显偏爱色彩明亮的、与自己熟悉事物相关的美术作品。

二、幼儿美术教学的原则

幼儿美术教学原则是在教育教学过程中对客观规律的总结，是教师在教学过程中必须遵循的基本要求，对幼儿美术教学的开展也起着指导作用。幼儿美术教育的原则包括以下几个方面。

（一）兴趣性原则

兴趣性原则是指美术活动的目标、内容及实施过程要从幼儿的兴趣和经验出发，让幼儿能体会到活动的乐趣。兴趣是幼儿活动的内驱力，能有效激发幼儿参与的积极性与主动性。教师在使用兴趣性原则时要注意以下几个方面：首先，活动的内容来源于幼儿的生活，是幼儿熟悉和喜爱的事物；其次，教学方法符合幼儿的学习特点，具有趣味性和游戏性；最后，还可以通过竞赛的方式激发幼儿参与美术活动的兴趣。总之，有了兴趣，幼儿才能较长时间集中注意力参与美术活动。

（二）审美性原则

审美性原则是指在美术活动中使幼儿广泛接触、认知和欣赏各种美好的事物，引导幼儿对美感的体验。审美性原则是幼儿美术教育的首要原则，教师要注重对幼儿审美感知、审美情感、审美创造的培养。教师在使用审美性原则时要注意以下几个方面：首先，为幼儿创设一个美的环境，例如室内的色彩和造型都符合幼儿的审美需求，室内的整体色彩自然统一，家具的造型以弧线型、螺旋形为主；其次，引导幼儿感知身边事物的美好，例如，带幼儿去大自然当中感受自然环境的美，带幼儿去参观艺术馆丰富幼儿审美体验；最后，在艺术活动中得到审美的提升。

（三）创造性原则

创造性原则是指教师在美术活动中要充分发挥幼儿的创造力，培养幼儿艺术创造的意识与能力。教师在使用创造性原则时要注意以下几个方面：首先，教师要给幼儿创设一个宽松、愉悦的心理环境，尊重幼儿独特的想法，让幼儿能大胆地表达与创作。其次，教师应丰富幼儿客观经验，带幼儿去自然环境、社会环境中感知和积累客观经验，通过欣赏优秀的绘画作品感受不同绘画技法。再次，教师要正确认识创造力与绘画技能之间的关系，技能为创造力的发挥提供技术基础和手段，不要过于关注和强调幼儿的绘画技能技巧的训练。在提高创造意识与能力的同时，适当地对幼儿绘画技能提出要求。最后，教师要正确认识和使用示范与范画，模仿是幼儿学习绘画的基础，在美术活动中，幼儿对范画的模仿也是一种创造的表现，但不要强求幼儿画得像，要尊重幼儿的自主表达。

（四）直观性原则

直观性原则是指在美术活动中采用直观的手段，引导幼儿采用多种形式的感知，丰富幼儿的直接经验。0～3岁的幼儿思维处于感知运动阶段，一旦离开具体物体，幼儿的注意力和思维都会发生转移。在使用直观性原则时要注意以下两个方面：一方面，给幼儿所提供的感知对象必须是具体、可触摸的，富有美感，能吸引幼儿注意力的，如实物、模型等；另一方面，调动幼儿多感官参与，如视觉、触觉、嗅觉、味觉。

（五）实践性原则

实践性原则是指在美术活动中，教师要积极引导幼儿参与美术实践。此时，幼儿处在具

体形象思维的阶段，对事物认识要通过直观的感受和具体的操作，因此，幼儿的美术能力和兴趣需要在实践中进行培养。在使用实践性原则时要注意以下两个方面：一方面，教师应积极引导幼儿多感官参与美术活动；另一方面，教师应提供丰富多样的绘画材料与工具，促进幼儿技能的发展，丰富幼儿绘画技能的表现。

三、幼儿美术教学的方法

美术教学的方法有很多种，下面介绍几种常用的方法：

（一）观察法

观察法是指在成人的引导下，幼儿通过多种感官感知事物造型、结构、色彩等特征。美术活动需要多方面的能力相结合，观察不仅是幼儿认识事物的主要途径，也是绘画的前提，通过观察幼儿积累更多直接经验，获得更鲜明和完整的视觉形象，并激发表现的意愿。例如，要幼儿画一把扇子，可以让幼儿先观察扇子的结构，了解不同类型的扇子，从而给幼儿直观的印象；然后成人提问："什么时候会用到扇子？小朋友们想不想要一把属于自己独一无二的扇子呢？"激发幼儿表现的意愿。

（二）游戏练习法

游戏练习法是指通过游戏的形式进行美术活动的方法。其目的是让幼儿在轻松、愉快的环境中，积极主动地学习美术活动，在游戏中习得美术知识和技能。一首儿歌、一段故事、一件有趣的玩具都可以激发幼儿美术活动的兴趣，例如，可以通过实物拓印。许多物品的表面有有趣的图形，用这些物品蘸上颜料按压在纸面上，就会留下美丽的图形。

（三）示范法

示范法是指在美术活动中成人把难点、重点直接操作给幼儿看，使幼儿直接获得有关美术的知识和技能的方法。针对技能性较强的内容进行示范，其目的是让幼儿掌握美术活动的技法，丰富幼儿的美术语言，使幼儿更好地表达自己的想法。在示范的过程中，要伴随语言进行解释说明，抓住重点和关键；示范中使用的纸张或物质材料要大，示范的动作要明确、慢一些，伴随提问，以便集中幼儿的注意力；在示范的过程中，还要注意根据美术活动的内容和幼儿的年龄特点灵活使用示范方法，可以采用分步示范、连续示范、重点示范。

（四）范例法

范例法是指向幼儿演示直观的教具，如范画、模型、实物等。虽然在美术活动中，强调幼儿的创造性，但并不意味着就反对模仿学习。在使用范例法的时候，要正确处理好运用范例和创造表现的关系。范例是为幼儿学习提供的参照物，不能要求幼儿画出来和范例一模一样。

四、幼儿绘画活动的内容与学习支持

（一）幼儿绘画活动的分类

1.按题材内容和形式进行划分

（1）命题画。命题画又称主题画，是指由成人确定绘画的主题与要求，幼儿按照主题和要求作画。命题画的作用在于帮助幼儿感受、尝试绘画的基本造型、色彩和构图等艺术形式语言，在自己感受的基础上去表现事物。命题画的主题来源于幼儿日常生活中经常接触到的事物和经常经历的情节。经常接触到的事物，如苹果、汽车、房子、小动物等；经常接触到的情节，如我爱幼儿园、我和妈妈去公园、我和我的好朋友等。

（2）意愿画。意愿画又称自由画，是指幼儿根据自己的生活经验，由自己确定绘画的主题和内容，自由表达和创作的一种绘画形式。意愿画更强调幼儿通过自己的想象和思维来作画。在指导意愿画的时候，可以结合幼儿的生活体验，通过谈话、谈论等形式激发幼儿表达的愿望；创造宽松的环境，让幼儿可以大胆表达；成人要尊重幼儿绘画的发展阶段，不应有太多的干涉和限制。

（3）装饰画。装饰画又称图案画，是指幼儿运用各种花纹、色彩在各种不同生活物品上进行美化、装饰的一种绘画形式。装饰画有助于提高幼儿的审美能力及幼儿手部动作的准确性和灵活性。教师在进行装饰画指导的时候要注意以下几点：首先，教师可以引导幼儿观察生活中一些优美的花纹，如蝴蝶翅膀上的花纹，贝壳上的花纹、一些民间工艺品上的花纹。其次，教师应帮助幼儿掌握简单的装饰画技能：一是幼儿绘制花纹的时候可以按照先从点开始，然后到线再到面的顺序逐渐增加内容和要求；二是帮助幼儿掌握排列花纹的方法，花纹的排列主要有单独式、连续式、对称式、放射式等。最后，教师可充分使用各种材料和手段，进一步培养幼儿的想象力和创造力。

2.按工具材料和表现技法进行划分

按绘画所使用的工具材料和表现技法进行划分，不同学者有不同的划分方式，在这里列举一些幼儿阶段常见的绘画活动。

（1）折纸添画：将折好的折纸作品粘贴在另一张纸上，再添画自己喜欢的图形。

（2）棉签画：用棉签蘸颜色来画的画。

（3）印章画：将一些自然物品、生活用品和用橡皮、肥皂、土豆等制作好的图形，蘸上颜色，再盖印在纸上的画。

（4）彩色水笔画：用彩色水笔画出来的画。

（5）蜡笔画：用各种彩色蜡笔画出来的画。

（6）油画棒画：用各种色彩的油画棒颜料画出来的画。

（7）彩色铅笔画：用各种色彩的彩色铅笔画出来的画。

（8）蜡染画：先用蜡笔或油画棒画出形象，再用水彩或水粉涂上底色的画。

（9）水墨画或彩墨画：用毛笔蘸水墨和颜色，将形象画在吸水性较强的生宣纸上，以笔法变化为主，发挥水墨、彩墨染的效果的画。

（10）纸版画：在一张纸上先画形象的各部分，然后剪下来，按其结构分别粘贴在另一张纸上，再用纱布包成的棉花球或小油滚滚上油墨，再将另一张白纸覆盖在上面，用力抽打或滚压，揭开白纸，纸版画就成了。

（11）手指画：幼儿直接用手，例如用指尖、手指、手掌、手背、手侧等部位蘸取适当颜料，在纸质平面媒介上进行指印、掌印、涂鸦等形式的艺术活动。

（二）幼儿绘画的指导方法

1.为幼儿提供环境支持

（1）物质环境的支持。支持幼儿绘画能力发展的物质环境应符合以下标准：一是提供绘画的场所，如在家里给幼儿创设一个涂鸦区，可以在卫生间的墙上、阳台的墙上这些有瓷砖的地方，也可以准备足够的纸贴在墙上，让幼儿明确在涂鸦墙上可以自由地涂涂画画，如图6-13所示。二是为幼儿提供足量的绘画工具，如图6-14所示。家长应循序渐进地为幼儿提供绘画工具，可以从单一工具到两种工具交替使用，再到多种工具合理安排顺序。0~1岁，给幼儿一种他喜欢的颜色的马克笔或蜡笔、8开以上的大纸；1~2岁，仍然以喜欢的颜色为主，笔可以有粗有细，还可以用棉签、滚筒等画笔，纸张也可以有大有小；2~3岁，除原有绘画材料外，家长还可以准备其他材质的纸让幼儿绘画；4岁以后则可以提供更多种类的绘画工具。

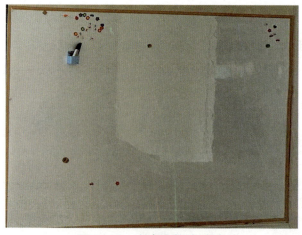

图6-13　家庭白板涂鸦墙

图 6-14　幼儿绘画工具

（2）精神环境的支持。为幼儿营造宽松、愉悦的心理氛围，对于幼儿的绘画不要暴力地干涉和阻挠，多给予肯定和支持，让幼儿以最佳的情绪积极主动地投入绘画中。并且多带幼儿观察大自然、感受大自然的美，为幼儿绘画提供经验来源，有利于增强幼儿绘画的信心。

2. 进行多感官刺激

成人通过对幼儿多感官的刺激，激发幼儿感知兴趣，唤起绘画的愿望。可以通过生活情景刺激，激发幼儿绘画的愿望；通过儿歌、故事、绘本等语言的刺激唤起幼儿的已有经验，激发绘画的愿望。例如，妈妈带幼儿去公园玩吹泡泡的游戏，回家之后，幼儿自发地画起了大小不一密密麻麻的泡泡，如图6-15所示。

图 6-15　幼儿绘画作品《泡泡》

3. 多表扬激励

幼儿喜欢和渴望得到成人的肯定和鼓励，当幼儿第一次画画时，成人就要表现出对幼儿的肯定，并对幼儿点滴的进步进行表扬和鼓励。在绘画的过程中，避免过度关注幼儿画得像不像，只要他们愿意去画去表达，成人都要予以支持。

五、幼儿手工活动的内容与学习支持

幼儿手工活动主要包括泥工活动和纸工活动。

（一）泥工活动

幼儿的泥工活动可以分为无目的单纯玩泥的无主题活动和有主题的泥工学习与表达。泥工活动初期幼儿通过反复多次的游戏，掌握一些泥工的技巧，如搓圆、压扁、长条，幼儿掌握基本的泥工技巧后，就可以用泥塑的方式进行表达与创作。

1. 泥工活动的工具材料

（1）泥工活动活动的材料。常用的泥工材料有彩泥、自制面泥、陶泥等。有的地区的泥工材料上还会体现一些地域特色，如使用黄泥、黏土作为泥工材料。各种泥质材料的对比如表6-1所示。

超轻黏土是一种人工合成适用于幼儿泥工的材料，柔软不粘手，可塑性强，颜色丰富，有红、黄、蓝、绿、粉、橙、紫等多种颜色，并可以通过两两混合，创造出其他颜色。彩泥易干，变干后可加适量的水揉搓使恢复柔软。

自制面泥是我国传统的一种泥塑材料，把面粉、食盐、食用油、儿童用色素适量调好水，然后搅拌揉光滑，随用随取，可以用保鲜膜套起来放冰箱。对比其他泥工材料而言，自制面泥更加环保。

陶泥是一种制作陶器用的黏土，具有良好的可塑性，可以用于捏塑和拉胚制作陶器，让幼儿体验陶泥制作的乐趣，阴干后还可以进行彩绘。

表 6-1　各种泥质材料的对比

名称 特点	陶泥	瓷泥	橡皮泥	超轻黏土	软陶	自制面泥
气味	泥土味	无味	香精刺鼻味	无味	无味	基本无味
色彩	不纯	色彩丰富	色彩丰富	色彩丰富	色彩丰富	色彩丰富
手感	质地硬，易粘手	手感细腻，易粘手	质地粗糙，粘手	手感细腻，延展性较强，不粘手	质地中硬，会粘手	手感细腻，延展性一般，不粘手

续表

名称 / 特点	陶泥	瓷泥	橡皮泥	超轻黏土	软陶	自制面泥
可塑性	强	强	较强	强	强	强
混色情况	不可	不可	不可	可以	可以	可以
环保	无毒	无毒	微毒	无毒	无毒	无毒
附着力	不可附着	不可附着	不可附着	能够粘在玻璃、木材、塑料上	能够粘在玻璃、木材、塑料上	不可附着
作品保存	烧制	烧制	自然风干	自然风干	烘烤或水煮	自然风干
使用率	易干裂	易混色	易干裂	易干	可反复使用	易干裂

（2）泥工活动的工具。泥工活动最基本的工具包括切割用的泥工刀、竹签或小木棍，以及擦手的湿布。此外，教师还可为幼儿准备一些辅助材料，如牙签、线绳、纽扣、瓶盖、羽毛、小梳子等帮助幼儿完成连接、装饰、轧花等内容。

2. 泥工活动的基本技能

泥工活动的基本技能包括团圆、搓长、压扁、粘接、捏泥、分泥等，教师可根据幼儿的年龄，由浅入深地设计有趣的泥工活动内容，使幼儿在游戏的氛围中进行练习。

（1）团圆：将泥放在两手的手心中间，双手轻微用力均匀转动，将手中的泥团成圆球，如图6-16所示。通过搓汤圆的活动，幼儿可以掌握泥工的基本技能——团圆。

图 6-16　幼儿搓的汤圆

（2）搓长：将泥放在手心中，两手前后搓动，将泥搓成长条或圆柱体。

（3）压扁：用手掌或工具（一般选用较平的积木或瓶盖）将搓成的长条或团成的圆球压成片状。

（4）粘接：将塑造物体的两部分连接起来。一般有两种方法：一种是直接连接，可将需

要粘接的两端塑成一边凸出另一边凹进，将两边插接后压紧；另一种是棒接，即用小木棍儿插接两端，压紧后完成连接。

（5）捏泥：用拇指、食指、中指的指尖互相配合，捏出细节部分。

（6）分泥：用目测的方式将大块的泥按物体所需的比例分成若干小块。

（二）纸工活动

纸工活动是使用不同材质的纸通过撕、剪、折、粘等技巧进行造型活动。

1. 纸工活动的工具材料

开展纸工活动的原料种类较为丰富，有彩色卡纸、复印纸、瓦楞纸、包装纸、废旧画报、挂历、报纸。在使用中根据不同的内容来选取适合的纸材，比如，剪纸需要较薄的彩纸，染纸要用吸水性强的宣纸，折纸则需要既薄又有韧性的纸。

纸工活动常用的工具有剪刀、胶水（胶棒、双面胶）、颜料等。

2. 纸工活动的内容

幼儿常见的纸工活动有以下几种：

（1）撕纸活动。撕纸活动适合年龄较小的幼儿。撕纸技巧集中在双手指尖的配合，控制纸张向两个方向用力撕扯，对幼儿手部精细动作要求较高。撕纸的形式一般有自由撕、按轮廓撕、焖线撕、折叠撕等。撕纸作品生动稚拙、粗放夸张，具有独特的美感，如图6-17所示，章鱼的触手是幼儿通过把纸撕成长条再进行粘贴。

图 6-17　幼儿撕纸作品

（2）剪纸活动。剪纸活动适合2岁以上幼儿。剪纸技巧主要集中在手眼协调和对手部精细动作上。2岁左右的幼儿就可以开始进行剪纸活动，刚开始时，幼儿只需要把纸条剪断即可，接着练习剪纸条或者一些简单的图形，然后逐渐开始剪一些复杂的图案，如窗花、雪花。剪纸一般选用较薄的纸张，选用儿童专用剪刀。

（3）折纸手工。折纸活动适合年龄稍大的幼儿。折纸技巧集中在要学会分析折纸例图，学会看折纸的图示符号，还要了解折纸的基础型折法。折纸一般选用正方形的纸，也可选用长方形或三角形的纸，有单张纸的折叠，也有多张纸的组合折叠。

幼儿手工活动与绘画活动的指导有许多相似的地方，都要尊重幼儿能力的发展，尊重幼儿的创造与表达，提供适合幼儿水平的表现技巧。幼儿手工活动又有其自身的一些特点，它更侧重于对材料性质的体验，对制作技巧与程序的学习，追求较为完整的作品形式。因此在指导时要注意以下几点：首先，给幼儿准备有趣的范例，激发幼儿对活动的向往；其次，给幼儿提供宽松的练习环境与时间，手工活动对技巧的要求更高一些，要做好手工，自由操作和练习的时间就非常重要；最后，对于一些技巧，需要成人讲解和示范，并在制作过程中耐心指导幼儿。

六、幼儿美术欣赏活动的内容与学习支持

美术欣赏活动是引导幼儿感受美术作品、自然景物和周围环境中的美好事物，体验其形式美和内在美，增强审美情趣和审美能力的活动，是幼儿美术教育的重要组成部分。

（一）幼儿美术欣赏活动的内容

美术欣赏活动的主要内容有绘画欣赏、自然景物欣赏、工艺美术等，可以采用专题性的欣赏，也可以采用随机性的欣赏，可以根据欣赏的主题和欣赏的目的选择合适的方法。

1. 绘画欣赏

绘画的种类繁多，幼儿的绘画欣赏大致有水墨画、油画、水粉画、版画、年画、儿童画等类型。无论何种类型的绘画，一般可以引导幼儿从内容（画面的形象、情节和主题）和形式（线条、形体、色彩、构图等）两方面进行欣赏，然后启发幼儿用语言、表情、动作表达自己的审美感受，调动幼儿用多种感官来欣赏、感受和充分表达自己对美的向往、喜好和体验。

2. 自然景物欣赏

在幼儿欣赏自然景物时，重点引导幼儿欣赏自然景物的形式美及所蕴含的生命力。可以通过幼儿边看边听成人讲解的方式，让幼儿观看自然景物的色彩、形态、特征。例如，欣赏秋天的景色时，教师可以用诗的语言描绘："秋天来了，梧桐叶变黄了，枫树叶变红了，像蝴蝶一样在天上飞舞，真好玩呀！"这样的描述能加深幼儿对自然美的领会，从而把他们的思想感情带到优美的境界中去。可以是对整体的欣赏，也可以是对某个具体事物的欣赏。例如，欣赏菊花时，教师引导幼儿欣赏菊花千姿百态的美丽造型和姹紫嫣红的艳丽色彩。

3. 工艺美术欣赏

工艺美术是指美化的日常生活用品，是与人们的物质生活和精神生活关系密切的一种美术形式。其显著特点是工艺与美术两者的有机融合，既有审美意义，又有实用意义。幼儿工艺美

术欣赏主要是一些与幼儿生活有关的、生动有趣的工艺美术品，如丝巾、小花伞、糖纸、花瓶、花裙子等。工艺美术品的欣赏，应重点放在欣赏其造型美和服饰美两方面，以及这些形式美所洋溢出的趣味、情调和生活气息。

（二）幼儿美术欣赏活动的指导

1. 做好物质上的准备

欣赏活动的物质准备主要是指欣赏材料的选择和准备。选择美术欣赏作品时应注意以下三个方面：

一是选择符合幼儿年龄特点的作品。3岁前的幼儿欣赏美术作品时更多关注的是作品颜色，可以选择颜色艳丽的作品。随着年龄的增长，可以选择形式和内容丰富的作品。二是作品要具有一定的艺术性，且传递的是一种积极的情感。例如，徐悲鸿画的马、齐白石画的虾、韩美林画的小狗，吴冠中画的大海等作品，形象生动逼真，不仅色彩鲜艳和谐，而且线条优美流畅，构图也是新颖别致，既有生活情趣，与幼儿生活经验相吻合，又有利于培养幼儿的美感。三是作品的形式和内容都要丰富多彩。幼儿具有个体差异性，要满足所有幼儿不同的欣赏需求。

2. 做好相关知识经验的准备

首先，教师和家长要了解幼儿，同时掌握幼儿美术发展的规律及年龄特点。其次，教师和家长要加强自身的美术修养，充分了解作品产生的时代背景、作者要表达的思想情感及表现手法。最后，教师和家长在欣赏活动开展前，可以提前帮助幼儿积累相关经验，这样在欣赏时，有利于幼儿领会作品特有的表现形式和内涵。例如，引导幼儿欣赏风筝前，家长带幼儿先去放风筝，帮助幼儿感受风筝的外观造型、结构、色彩和图案美，丰富幼儿对传统文化的了解，积累有关风筝的表象，增强民族感情。

3. 采用多种方法、手段欣赏

欣赏活动不是单纯地让幼儿看一看欣赏对象，而是要运用灵活多样的方法让幼儿体验美感，在知识、感受力、领悟力、想象力和创造力、语言表达能力等方面获得良好的发展。可以采用对话法，围绕美术作品，与幼儿展开讨论和交流；可以采用观察法，引导幼儿对作品进行观察；还可以采用讲解法，就观察的对象给幼儿进行详细讲解。

学以致用

2岁5个月的幼儿绘画还处在涂鸦期，这个阶段的幼儿由于肩和肘开始能够流畅协调运动，涂鸦时出现上下往返的竖线涂鸦和螺旋图形的涂鸦行为。幼儿抓握工具的方法也开始变得和成人一样了。尽管出现了小的螺旋形图案和上下往返的竖线涂鸦，但大的、连续的螺旋形图案和点状涂鸦并没有消失。

指导要点：

（1）这个阶段是幼儿动手能力和绘画能力同时发展的阶段，成人切记不要教幼儿画物体的形象，这不符合幼儿此阶段的绘画发展年龄特点。如果家长给予幼儿示范指导，不但不能真正激发幼儿的绘画热情，还会导致幼儿因受了形象的束缚，作品线条不舒展流畅，下笔较轻，不够自信。

（2）不要局限幼儿绘画形象和颜色，而应该让幼儿自由选择自己喜欢的颜色，哪怕是用单色笔去画。

（3）可增加一些锻炼幼儿手腕、手指的动作练习，增强手的灵活性和精细动作的发展。

 活动案例

案例一：蔬菜拓印（1～2岁）

（西安市第二保育院　李晓红）

活动目标：

（1）感知不同的色彩。

（2）能用蔬菜蘸取不同的颜色在纸上留下印记。

（3）乐于参与蔬菜拓印活动。

活动准备：各色颜料，蔬菜的横切面、纸、护具。

活动过程：

（1）教师引导家长带领幼儿在桌子前做好，介绍游戏规则。

（2）幼儿选取自己喜欢的颜色，选择蔬菜蘸取颜料，并按压在纸上。

（3）反复操作，直到纸上留下较多的蔬菜印迹。

活动注意事项：活动过程中不必强求幼儿参与，而是尊重幼儿让他们自愿参与。家长多对幼儿进行鼓励，活动过程中不必要求幼儿一定保持画面整洁。

案例二：春天的花园（4～5岁）

（西安市第二保育院　李晓红）

活动目标：

（1）欣赏花的摄影作品，感受春季争奇斗艳的花。

（2）尝试运用点彩的方式表现不同的花。

（3）感受不同颜色混合、叠加的美。

活动准备：

（1）物质准备：轻音乐、花景PPT、颜料盒、画笔、毛巾。

（2）经验准备：感受过春天百花争奇斗艳的场景。

活动过程：

（一）再现主题经验，回忆各种各样的花开

1.通过谈话唤起幼儿的初步经验

教师引导：不知不觉，春天来了，你们喜欢春天吗，为什么呢？

教师总结：春天有美丽的风景，有漂亮的、各种颜色的花朵，还有舒适的气候……每个人都有喜欢春天的原因。

2.欣赏摄影作品以唤起进一步经验

教师引导：

（1）春天里，摄影师们也用相机拍下了春天花开的美丽景色，我们一起去看看吧。（展示照片）

（2）摄影师们拍的照片是什么样的？和你在外面看到的一样吗？有什么不一样的？

（3）你看到了哪些花？都是什么颜色？这些颜色之间有什么关系？

教师总结：原来春天里花朵的颜色是这么丰富多彩，而且这些色彩层层叠叠，混在一起特别漂亮。

（二）了解点彩过程，欣赏颜色叠积的美感

1.欣赏创作过程

教师引导：画家说，春天的花真是太美了，他们也想画一画。他们拿着画笔，用小朋友知道的点彩办法画了起来。（播放课件）

（1）单色点彩过程：你觉得这些颜色是怎么画出来的呢，你看到了什么？

（2）同类色点彩过程：春天的花还有什么颜色？

（3）呈现完整作品。（原来把颜色点满了就像美丽的花园了）

2.欣赏美术作品《春天的花园》

教师引导：

（1）画家用什么颜色画的春天的花园？

（2）你看到这幅画有什么感觉？

（三）儿童自主表现

教师引导：春天的花还有什么颜色的呢？请你们也用点点的方法去画一画春天的花朵吧。

观察指导要点：观察幼儿能否选择多种颜色或者相近色进行点画；指导幼儿大胆将颜色混合叠加在一起，表现混色的美。

（四）分享交流作品

教师引导：你最喜欢哪一幅画（自己的或他人的）？为什么喜欢它？

活动延伸：用报纸、彩纸、油画棒等更多样的材料表现春天的花园。

案例三：美术欣赏活动《向日葵》（6岁）

（西安市第二保育院　李晓红）

活动目标：

（1）感受作品中向日葵的勃勃生机，获得美的熏陶。

（2）能用完整、连贯的语言大胆表达自己对作品的理解和感受。

（3）理解作品在用色、线条、构图方面的特点。

活动过程：

（一）第一环节，欣赏梵·高作品《向日葵》

教师运用对话法引导幼儿感知、体验作品中的美。

提问：你从这幅画上看到了什么？有什么感觉？

幼儿初步注意到欣赏对象，描述欣赏作品的内容。

（二）第二环节：进一步感知梵·高作品《向日葵》

教师运用提问法，进一步引导幼儿感知作品的细节，理解作品的颜色、构图、线条等方面的特点，并进行想象。

提问1：这幅画中有什么颜色？哪种最多？给你什么感觉？

提问2：这里面有几朵向日葵？这些向日葵都一样吗？是朝着一个方向吗？

提问3：向日葵的花瓣是怎么样的？它好像在干什么？

教师进行小结。

（三）第三环节：表达对梵·高作品《向日葵》的感受

提问：你喜欢这幅画吗？能给它起个名字吗？

教师可以通过谈话帮助幼儿表达自己的审美判断，提升审美能力。

任务二　幼儿早期音乐发展与学习支持

情境导入

郎朗一直被称为钢琴天才，他3岁学琴，7岁获得沈阳市少儿钢琴比赛第一名，13岁获得柴可夫斯基青年钢琴比赛金奖，15岁考入著名的柯蒂斯音乐学院，17岁以替补身份上场演奏了《柴可夫斯基的第一钢琴协奏曲》而一战成名，成为万人称赞的"钢琴王子"。

思考：郎朗的成功原因是什么？

知识锦囊

一、幼儿音乐能力的发展特征

音乐是最早能被幼儿感知的一种艺术。在良好的环境中，幼儿很早的时候就能表现出音乐能力的萌芽。

（一）0～3岁幼儿音乐能力的发展

0～1岁的幼儿，就可以对声音做出各种反应。从出生2周起，幼儿就开始能辨别声音的方向，4周时能跟随声源转头，这便是幼儿对声音最初的反应。到4个月时，幼儿听见好听的音乐便会出现积极的情绪反应。10个月左右，幼儿就跟着音乐开始扭动身体，他们虽然还不能对音乐的节拍和韵律做出精准的反应，但是当听见熟悉的音乐响起时，会出现欢快的、愉悦的情绪。

1～2岁的幼儿，能自发地、本能地哼唱。1岁左右的幼儿已能随着音乐的节奏拍手、"跳舞"，能够再认熟悉的曲调，说明对旋律和音乐产生记忆力。一岁半左右，有模仿或自发哼唱的表现，能唱出某一句或某个小节，但还不能唱出稳定的旋律，会"跑调"。

2～3岁的幼儿，能模仿唱简短的片段。2岁左右幼儿开始有感受与分辨音乐节拍的意识和能力，但会出现抢拍和慢拍的情况。听到简短的儿歌或某个歌曲的片段能模仿唱出来。一般幼儿也开始试着随着音乐做出拍手、点头、晃动手臂等相应的节奏反应，虽然动作是零碎的、不合拍的，但音乐感受能力和音乐表现能力以已现萌芽。

（二）3～6岁幼儿音乐能力的发展

3～4岁的幼儿能初步唱好简单的歌曲，尽管还有部分幼儿唱歌有跑调的现象，但已经知道记歌词及旋律，并且对音乐中表现出的情绪也能做出相应的反应，如听到摇篮曲，有的幼儿就能跟着音乐做出抱娃娃、拍娃娃的动作。

4～5岁的幼儿音乐感受能力进一步增强，能分辨什么样的音乐是优美的，什么样的音乐是安静的，什么样的音乐是恐怖的，并且借助一些词汇来描述自己对音乐情绪的感受。能分辨较复杂的节奏型，唱歌的能力也有所提高。

5～6岁的幼儿，大部分能准确唱出旋律简单的歌曲，能学唱较复杂的歌曲，6岁时，大多数幼儿能准确地模仿由3～4个音符组成的节奏型。在良好的教育条件下，大多数幼儿能唱准歌曲的音调，并且能自如地学唱各种歌曲，对音乐力度、速度、节奏的控制也较准确。

在音乐能力发展的过程中，大部分幼儿符合上述发展水平的一般规律，受到遗传和环境的影响，个别幼儿迟于或早于上述发展水平都是正常的现象。

二、幼儿音乐教育的原则

（一）直观性原则

直观性原则是指在进行音乐活动时需要提供相应的视觉辅助材料或生动的语言来帮助幼儿领会和理解音乐作品的内容。

在音乐活动中，遵循直观性原则，首先要引导幼儿结合音乐进行联想和想象，在头脑中形成和音乐相符合的意境和感受。可适当利用多媒体技术、教具、图片作为辅助手段，也可通过语言引导，帮助幼儿理解音乐作品的内容，还可以借助身体动作，理解音高、节奏。例如，适合低龄幼儿学习的歌曲《我爱我的小动物》，歌词是这样的："我爱我的小羊，小羊怎样叫？咩咩咩咩咩咩咩咩咩咩；我爱我的小猫，小猫怎样叫？喵喵喵喵喵喵喵喵喵喵喵……"这首歌曲内容就展示了各种小动物的叫声，不仅可以直接用形象的图画表现出来，而且可以让幼儿和家长进行角色扮演。

（二）游戏性原则

游戏性原则是指幼儿的音乐活动在玩中进行，把游戏和音乐教学完美地结合起来，从教育目标、教育内容、教育实施、教育评价多个方面要体现出游戏性原则。对幼儿来说，那些具有节奏感强、有画面感的音乐比世界钢琴名曲更能吸引他。如图6-18所示，幼儿在学习《花纸伞》这首儿歌时，手拿花纸伞，一边唱一边跳，更有利于幼儿理解儿歌的内容和意蕴。

图6-18 幼儿手拿花纸伞唱歌

（三）熏陶性原则

熏陶性原则是指在幼儿的音乐教育中，教师应给幼儿塑造一个音乐环境，让幼儿在潜移默化中接受音乐的影响。为幼儿创设良好的音乐物质环境和音乐精神环境，如为幼儿提供高质量的音响设备、适宜幼儿使用的乐器和类型、风格多样的音乐作品。家长还可以在家里经常播放各种类型且内容健康的音乐，带幼儿参加各种乐器的演奏会、著名歌唱家的演唱会、民族戏曲类音乐活动等，让幼儿在不知不觉中接受音乐的熏陶。

（四）整体性原则

整体性原则是指在幼儿音乐活动中不仅关注音乐信息，也关注幼儿的整体性发展。音乐活动不仅促进幼儿音乐能力的发展，对幼儿道德、情感、认知的发展均有促进作用。例如通过音乐主动操《五官操》，幼儿不仅对四二拍有了最初的感受，而且还将五官的词语和自己的五官对应起来，建立了语义联系，从而认识了五官。

三、幼儿音乐学习支持

幼儿音乐能力的发展需要通过多种活动来完成，如唱歌、律动、打击乐器演奏、音乐欣赏等。

（一）幼儿唱歌活动与学习支持

唱歌是幼儿音乐活动的基本形式之一，是指教师或成人有目的、有计划、有组织地教幼儿学唱歌的活动。唱歌教学的内容包括两个方面：一方面学会一定数量的歌曲，另一方面要掌握一定的唱歌技巧。

1. 歌曲的选择

（1）选择歌词教育性与艺术性统一的歌曲。选择的歌曲，内容既要有教育性也要有艺术性，作品的形式和内容应是完美统一的，即要求作品的艺术形式和音乐形象能准确而充分地表达歌曲的思想感情，歌曲的思想内容、歌词能为幼儿所理解，表达的感情为幼儿所体会。歌曲的内容多半是他们生活中所经历过的、能理解的一些形象性的事物，如动物、自然现象、节日、交通工具等。如图6-19所示《我爱我的小动物》这首儿歌，歌词是幼儿熟悉的小动物，能引起幼儿的兴趣，而且歌词简单，幼儿容易记住；结构简单且多重复的歌词，每段只涉及改一改动物名称和叫声，也易于启发幼儿根据自己的想象创编歌词。这首儿歌既能激发幼儿学习歌曲的积极性，又能培养幼儿的创造性。

图 6-19　儿歌《我爱我的小动物》

（2）选择适合幼儿音域的歌曲。受生理结构的影响，幼儿阶段的音域基本在6度以内。如果幼儿学唱超过"喉"生理能力的歌曲，声带往往会因过度紧张用力发声而导致损伤，严重的话可导致急性喉炎、声带小结等疾病。因此，选用歌曲时应充分考虑幼儿的这一生理特点。

一般而言，2～3岁的幼儿自然歌唱的音域在中央C之上的d1到a1；3～4岁时，音域可达到c1～a1（即C调的1～6）；幼儿4～5岁时，音域有了进一步扩展，可以达到c1～b1（即C调的1～7），但不同幼儿的差异性较大；5～6岁时，幼儿歌唱的音域可以达到c1～c2（即C调的1～1），个别幼儿甚至更宽。

（3）选择节奏节拍比较简单，速度适中、旋律平缓的歌曲。幼儿一般适合唱节奏简单、速度适中。

①选择适合幼儿的节奏、节拍。为4岁以前的幼儿选择歌曲时，曲调中的节奏可以主要由四分音符或八分音符组成，也可掌握二分音符的节奏。为4～6岁幼儿选择歌曲时，可选择含有附点音符、少量的十六分音符和切分音的节奏。

为4岁以前幼儿所选歌曲的节拍，最好以2/4拍和4/4拍为主，也可偶尔选3/4拍的歌曲。为4～6岁幼儿选择歌曲时，除了2/4拍和4/4，还可以选3/4拍或少量6/8拍的歌曲。另外，还可选择一些"弱拍"节奏的歌曲。

②选择适合幼儿的曲速。为幼儿选择歌曲时一般以中速或中速稍快、稍慢为宜。为4岁以前的幼儿选择歌曲时，宜采用中速。4～5岁幼儿比较容易兴奋，除可多选轻快活泼的歌曲以外，还应注意多选安静而稍慢的歌曲，以陶冶他们的性情。5～6岁的幼儿已有了一定的自控能

力，可以选择速度稍快或稍慢的歌曲，甚至还可选择一些含有速度变化的歌曲。

（4）选择适合幼儿的歌曲结构。幼儿一般不宜唱结构过于长或复杂的歌曲。为4岁以前幼儿选择的歌曲，以2~4个乐句为宜，每个乐句也不宜太长，歌曲结构最好比较工整短小，多为一段体，一般没有间奏、尾奏等附加成分。为4岁以上幼儿选择的歌曲，可以有6~8个乐句，偶尔也可唱稍长乐句的歌曲。

根据幼儿的年龄特点，推荐部分适合幼儿演唱的歌曲，如表6-2所示。

表6-2　幼儿演唱歌曲推荐表

年龄	歌曲名称
13~24个月	《小鸭子扁嘴巴》《小星星》《世上只有妈妈好》
25~36个月	《数字歌》《布娃娃》《我爱我的小动物》《拔萝卜》《数鸭子》
3~4岁	《我有一双小小手》《粉刷匠》《小星星》《我爱我的幼儿园》《小朋友你好吗》《国旗国旗真美丽》《打电话》
4~5岁	《我是猫》《一只哈巴狗》《我是一个粉刷匠》《上学歌》《幸福的花朵》《小花狗》《花纸伞》
5~6岁	《亲亲猪猪宝贝》《虫儿飞》《宝贝、宝贝》《我爱我家》《娃哈哈》

2. 幼儿唱歌教学的步骤

（1）教师分析歌曲。在教幼儿唱歌之前，教师要先分析歌曲内容，设计教学步骤与教学方法。教师分析歌曲，一是分析歌曲的内容，确认它的主题思想和教育意义；二是分析歌曲的体裁、情绪性质及旋律特点。不同体裁的歌曲应用不同的声音来表现。

（2）给幼儿介绍歌曲。每教一首新歌曲，都要从了解和熟悉歌曲开始，通过故事、情景等让幼儿理解歌曲内容，通过多次听，熟记旋律和歌词，然后再学习唱，就会容易一些。在听的过程中，也要引导幼儿有目的地去听。

（3）幼儿学唱新歌。在听熟歌曲的基础上，学唱新歌就成了幼儿的主动要求了。学唱新歌一般有三个阶段：第一阶段是初步学唱阶段，主要是学会新歌词和曲调；第二阶段是学习正确演唱，主要是能够准确地演唱歌曲；第三阶段是要有表情地演唱，能够达到富有表现力的演唱。

（4）幼儿复习巩固。通过集体唱，让幼儿再次学习歌曲。还可以通过小组或个别唱，发现幼儿在唱歌时的问题，也有利于培养幼儿独自大胆唱歌的能力。

3. 幼儿需要掌握的唱歌技巧

（1）唱歌的姿势。坐唱时，身体挺直，两手自然放在膝盖上；站唱时，两手自然下垂。唱歌姿势以不影响呼吸气流畅通为原则。口型同发音质量有密切关系，因此，唱歌时要把嘴张开、不仰头、不伸脖、目视前方、不摇头晃脑。有表情地演唱时，不要过于追求外在的动作，动作应起到助唱、助表达的作用，而不是妨碍声音的表达。

（2）发声。要引导幼儿选用自然好听的声音唱歌，要防止大声喊唱，也不可过分轻声。对待不同性质的歌曲，还应引导幼儿用不同的声音去演唱。例如，进行曲性质的歌可用比较雄壮、响亮的声音演唱，摇篮曲一类的歌可用轻柔的声音演唱。

（3）吐词。唱歌时吐词要正确、清晰，而且还要富有表现力。

（4）正确表达旋律。主要是指幼儿唱准歌曲的音程和节奏。

（二）幼儿韵律活动的内容与学习支持

韵律活动也是幼儿喜欢的音乐活动之一。在生活中，我们经常可以看见幼儿随着自己喜欢的音乐手舞足蹈，这是幼儿对音乐自然的、即兴的反应，幼儿在用自己的肢体语言表现对音乐特有的感觉和理解。

1. 幼儿韵律活动的内容

幼儿的韵律活动是指随音乐而进行的各种有节奏的身体动作，一般包括律动、舞蹈及其他节奏活动。

（1）律动。律动的内容一般有两种：一种是模仿动作，另一种是把音乐游戏或舞蹈中比较困难的动作抽出来单独练习。大致有以下几个方面：

①动物的动作：兔跳、猫走、鸟飞、鸭走、熊走等。

②人的劳动和其他动作：走路、跑步、划船、摘果子、开汽车、开火车等。

③自然界的现象：风吹、柳树摇摆、植物生长、下雨、水波等。

④日常生活及游戏、舞蹈中的动作：洗脸、刷牙、梳辫子、穿衣服、洗衣服、拍球、托球、手腕花、踢踏步等。

（2）舞蹈。幼儿舞蹈主要由一些基本舞步，如踮脚尖步、蹦跳步、踏点步、滑步、后踢步、进退步、跑跳步、娃娃步、滑步等，加上简单的上肢舞蹈动作，如两臂的摆动、手腕的转动等，以及简单的队形变化所构成。幼儿常见的舞蹈形式有集体舞、邀请舞、小歌舞、自编舞、表演舞等。

（3）其他节奏活动。其他节奏活动一般有语言节奏活动、人体节奏活动、节奏读谱活动等，主要是通过各种不同形式的活动，训练幼儿的节奏感。

2. 幼儿韵律活动的选材

（1）律动方面。律动活动内容的选择要从幼儿的特点出发，既要考虑到幼儿动作发展的水平，又要考虑到该年龄段幼儿对所选用的音乐能否接受、理解，也就是说，动作与音乐应紧密结合。

①动作方面。2～3岁的幼儿，选用的动作要简单、变化少，最好手脚不要同时做动作，如打鼓。以后可以逐渐过渡到手脚同时做的动作，如拍手、点头。开始只是让幼儿坐在椅子上，只做手的动作，然后过渡到边走边拍手的上下肢配合的动作。

3～4岁的幼儿，可以让他们做一些稍复杂的动作，如转动手腕、踮步、在音乐伴奏下变换队形（横排、纵排）等。

5～6岁的幼儿，控制能力和节奏感都有所发展，动作可以相应复杂些，如手腕花加上踏点步、交替步等舞步。手脚的配合动作较复杂且美观，动作的方向变化也可以较多一些。

②音乐方面。幼儿的动作要根据音乐的节拍节奏来进行，因此在选用音乐时，要多选用一些节奏鲜明、形象性强、旋律流畅优美，能引起幼儿活动愿望的音乐。

4岁以下的幼儿在选择时，应选用速度较慢、曲调便于哼唱的音乐。开始尽量让音乐去适应他们的节奏，逐步使他们感受、理解，慢慢转化为能主动使自己的动作合上音乐的节拍，如随着《打电话》（二拍子）的音乐拍手、晃动身体。

4岁以上的幼儿已经初步掌握了区分、欣赏音乐的能力和经验，可以改换不同性质的音乐，逐步使幼儿能按音乐节奏、节拍特点、速度和力度的变化做出相应的动作。

（2）舞蹈方面。舞蹈是形体的艺术，幼儿舞蹈的目的是使幼儿用动作来表达自己对音乐作品的感受，抒发内心情感，获得美的享受。因此，舞蹈教材的选择要根据幼儿舞蹈教学大纲，从幼儿的年龄特征、心理特征、实际接受水平出发，选择有教育意义的、内容丰富多彩的幼儿舞蹈。

3. 幼儿韵律活动的学习与支持

（1）韵律活动方面。在韵律活动之前，首先，教会幼儿听音乐，并合着音乐节拍，教些简单的动作，如二拍子和四拍子的拍手、走步、摇手、点头、举手、叉腰、转身等。还可以教些模仿游戏的动作，如摇娃娃、洗手帕、吹喇叭、打鼓等。教这些动作时，教师不仅要示范、解释，还要逐个了解幼儿，手把手地教幼儿怎样做，具体帮助幼儿摆出某种姿势或某个动作，使幼儿从被动感受，逐步变成主动地、正确地掌握动作。其次，可以对幼儿进行基本动作训练，如节奏训练、控制训练。教幼儿做动作时，教师要与幼儿一起，边哼唱歌曲，边做动作，这样能吸引幼儿注意，提高幼儿学习的积极性。同时教师进行巡回检查，直到幼儿掌握以后，再让他们自己跟着音乐节拍做动作。最后，教师还要注意激发幼儿的兴趣和丰富幼儿的生活经验。

（2）舞蹈方面。因为舞蹈是依据音乐来进行的，因此，在舞蹈活动开始之前，先引导幼儿倾听音乐，熟悉音乐的特点和变化，按音乐的节拍和情绪做动作。然后，教师给幼儿示范一些舞蹈动作，在教动作的过程中，可以配合口令辅助练习。

（三）幼儿打击乐演奏活动与学习支持

打击乐演奏是幼儿学习音乐的重要途径之一，在打击乐活动中，可以发展幼儿听辨节奏和音色的能力，并且在集体打击乐活动中还能发展幼儿的合作意识。

1. 幼儿节奏的基本类型

（1）2/4拍。

概念：以四分音符为一拍，每小节两拍，如图6-20所示。

图 6-20　2/4 拍音符

2/4拍的强弱规律为：强弱、强弱。

（2）3/4拍。

概念：以四分音符为一拍，每小节三拍，如图6-21所示。

图 6-21　3/4 拍音符

3/4拍的强弱规律为：强弱弱、强弱弱。

（3）4/4拍。

概念：以四分音符为一拍，每小节四拍，如图6-22所示。

图 6-22　4/4 拍音符

4/4拍的强弱规律为：强弱次强弱、强弱次强弱。

2. 幼儿常用的打击乐器

幼儿常用的打击乐器（如图6-23所示）按乐器的音响特点可分为：

（1）适合表现强音的乐器，如大鼓、单面鼓、小锣、小镲等。

（2）适合表现弱音的乐器，如碰铃、三角铁、串铃、沙槌、木鱼等。

（3）适合表现欢快、轻盈等气氛的乐器，如铃鼓、响板、双响筒等。

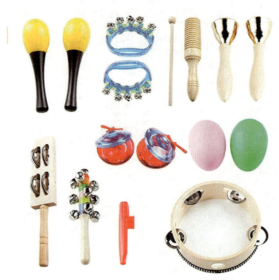

图6-23　幼儿常用的打击乐器

3. 打击乐的记谱法

（1）通用简谱总谱。一般音符均用"×"标记，写在旋律下面，只记节奏（如图6-24所示）。

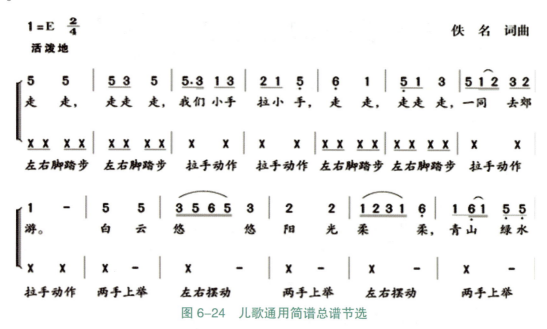

图6-24　儿歌通用简谱总谱节选

（2）变通总谱。变通总谱在幼儿阶段较为常用，一共有三种类型：动作总谱、图形总谱和语音总谱（如图6-25和图6-26所示）。

	1 2	3 4	5	3 1	1	6 4	5 5	3	
节奏	×	—	×	—	×		×	×	
动作	拍手	—	拍手	—	拍头	拍肩	拍头	拍肩	
图形	⊡	—	⊡	—	♪	•	♪	•	
语音	走	—	走	—	的	笃	的	笃	

图 6-25　变通总谱

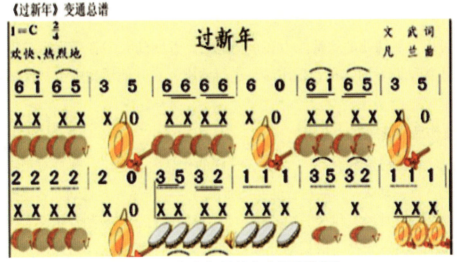

图 6-26　儿歌《过新年》变通总谱节选

4. 打击乐活动指导

在进行打击乐活动时，最好选用结构方整、节奏鲜明的乐曲，选配乐器符合音乐的性质。首先，熟悉和欣赏音乐。打击乐器是根据音乐进行的，在开展活动之前，要引导幼儿仔细倾听，感受音乐的内容、情绪、速度、风格等。其次，带着幼儿空手练习节奏型，如通过声势动作等帮助幼儿掌握各种节奏。再次，介绍乐器的名称及使用方法。在幼儿基本掌握各声部的节奏型之后，向幼儿介绍各种打击乐器，让幼儿探索乐器的发声法，再引导幼儿正确使用打击乐器。最后，随着音乐打击乐器。可以先集体练习，还可以分组配合练习（如图6-27所示）。

在活动的过程中，教师还要注意幼儿常规的培养，养成注意观看指挥的习惯，使用乐器时养成良好的分发和收回习惯。

图6-27 幼儿使用打击乐器演奏音乐

（四）幼儿音乐欣赏活动与学习支持

音乐欣赏可以发展幼儿的欣赏能力和审美能力，开阔幼儿的音乐视野，丰富幼儿的音乐欣赏经验。除了为幼儿专门选择音乐作品来进行欣赏，在其他活动中也都伴随着音乐欣赏的内容。

1. 音乐欣赏作品的选择

（1）音乐欣赏作品选择的标准。首先，选择的作品内容健康，既具有积极的教育意义，又具有较高的艺术性。其次，作品适合幼儿的年龄特点。作品内容是幼儿容易感知、理解和接受的，要符合幼儿的欣赏经验和水平。最后，所选择的题材、体裁和音乐性质要丰富多样。

（2）音乐欣赏作品推荐。根据幼儿年龄阶段，推荐部分适合幼儿欣赏作品，如表6-3所示。

表6-3 幼儿音乐欣赏作品推荐表

年龄	歌曲名称
0～12个月	《催眠曲》《醒来了》《进餐》《星星和月亮》《小星星变奏曲》《舒伯特圆舞曲》《摇篮曲》
13～24个月	《快乐的家》《爸爸妈妈一样好》《森林里》《摇到外婆桥》《天鹅湖》《摇篮曲》
25～36个月	《火车》《美丽的小花伞》《小马驹》《小鸟的歌》《小鸭的舞》
3～4岁	《谁会这样》《理发师》《森林狂想曲》《小狗圆舞曲》《运动员进行曲》
4～5岁	《牧童之歌》《赛马》《春之歌》《菠菜进行曲》《菊次郎的春天》
5～6岁	《我爱雪莲花》《摇篮曲》《哇哈哈》《彼得和狼》《龟兔赛跑》《玩具进行曲》《茉莉花》

2. 音乐欣赏教学的方法

音乐欣赏最基本的方法就是通过倾听来感受音乐，通过多次反复的听去理解音乐形象。在开展音乐欣赏活动时，要设计一些与欣赏内容相应的方法，引起幼儿的联想与想象，使幼儿自觉地、自发地感受音乐。通常采用以下几种方法：

（1）恰当使用语言提示幼儿感受音乐。成人可以在幼儿听之前以简短的语言向幼儿介绍作品的名称、内容，围绕活动目标可以对幼儿的听提出要求，怎么听和听什么。如图6-28所示，幼儿在听《火车开啦》这首儿歌时，可以先引导幼儿回忆火车汽笛和铁轨咔嚓咔嚓的声音；然后再听音乐，让幼儿模仿火车的声音；最后再完整听一次。

图 6-28　儿歌《火车开啦》

（2）运用歌唱，加强对音乐的感受。在欣赏活动中，教师运用唱歌的方法，可以帮助幼儿加强对音乐的记忆，促使幼儿对音乐的感受和理解深化。在使用歌唱的方法时，要考虑所选的作品幼儿是否能唱。比如大班音乐欣赏曲目《我爱雪莲花》《卖报歌》，都可以采取歌唱的方法，而且这些歌曲的歌词对音乐形象的解释更直接，易于为幼儿所接受。

（3）运用形体动作，表达对音乐的感受。幼儿感知音乐最自然、最基本的表示就是形体动作，当听到音乐响起时，幼儿不自觉地挥舞胳膊、晃动身体。所以幼儿在欣赏音乐时，可以跟着音乐表演，把音乐与动作融为一体，如小班音乐欣赏活动《谁会这样》，教师可带领幼儿随音乐做鸟飞、鱼游、马跑的动作。

（4）运用多媒体、教具等加强幼儿对音乐的感受。因为幼儿的年龄特点，幼儿对音乐理解取决于生活经验的多少。在欣赏音乐活动中，可以借助多媒体技术，帮助幼儿具体地理解音

乐内容。如幼儿看到大象笨重的身体、小花猫轻盈的脚步，有助于理解低音粗重缓慢、高音灵巧欢快。

以上介绍的几种方法，在使用时要注意结合起来，根据音乐的特点选择。但无论采用哪种方法，都不能忽视"倾听"这一基本方法，在听的过程中不断加深对音乐作品的理解。

学以致用

郎朗的成功除了源于自身的音乐天赋，也离不开后天的音乐教育。

幼儿阶段的音乐教育更多的是一种启蒙教育，一方面促进幼儿全面发展，另一方面也可以发现幼儿的天赋。

对幼儿早期音乐启蒙教育，要注意树立正确的育儿观，我们培养孩子的目标应该是：身心健康、品德高尚、人格完善、智力健全。对于幼儿来说，音乐启蒙教育并不一定能使他们成为从事音乐工作的专业人士，但是，音乐启蒙给予幼儿早期丰富的感官刺激和运动经历，对以后各种学习能力的形成具有终生的影响。必须走出音乐启蒙教育是为了成名成家的误区，"成名成家"不应成为幼儿音乐启蒙教育的最终目的。音乐启蒙教育的目的是让幼儿感受音乐，在潜移默化中提高综合素养及审美能力；培养对美的追求和创造愿望，使他们今后的生活更美好；让幼儿具有较强的审美能力，体会和联想音乐中所传达的感情，从而感受生活的美好。

🏅 活动案例

案例一：0～1岁幼儿音乐亲子游戏"摇啊摇"

活动目的：发展平衡能力，建立良好的依恋关系。

活动准备：儿歌《摇啊摇》（如图6-29所示）。

提示：在唱这首歌曲的时候，可以通过以下三种方法和幼儿互动：

方法一：可以抱着幼儿，左右摇晃他（她）的身体。

方法二：可以把幼儿抱在身上，面对着幼儿，前后摇晃他（她）的身体，这样不仅能让幼儿感受到音乐的美好，同时也有助于增进亲子感情，建立起良好的依恋关系。

方法三：可以将幼儿放在毯子里，家长拉住毯子左右摇摆发展婴儿的感觉综合能力。

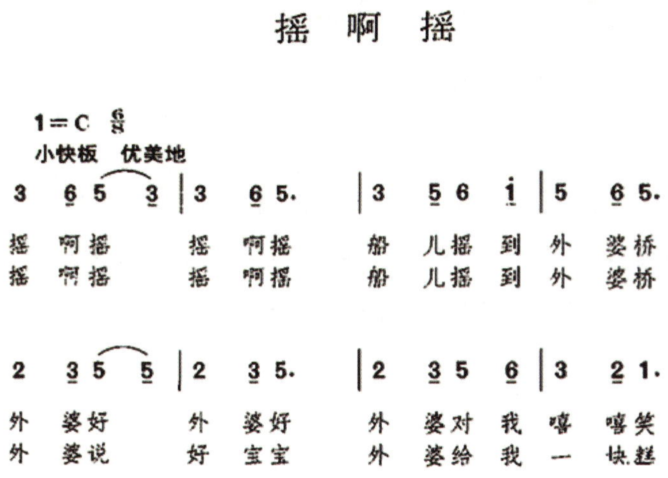

摇 啊 摇

1 = C 6/8

小快板 优美地

3 6 5 3 | 3 6 5. | 3 5 6 1 | 5 6 5. |

摇 啊摇 摇 啊摇 船 儿摇 到 外 婆 桥

摇 啊摇 摇 啊摇 船 儿摇 到 外 婆 桥

2 3 5 5 | 2 3 5. | 2 3 5 6 | 3 2 1. |

外 婆好 外 婆好 外 婆对 我 嘻 嘻笑

外 婆说 好 宝宝 外 婆给 我 一 块 糕

图 6-29　儿歌《摇啊摇》

案例二：4～5 岁幼儿歌唱活动"两只老虎"

活动目的：幼儿乐于参与歌曲演唱活动，体验与同伴共同创编歌曲的快乐与成就感。

活动准备：儿歌《两只老虎》（如图6-30所示）。

活动过程：

（1）首先由歌曲《两只老虎》导入主题，引导幼儿共同回忆歌曲内容，唱了哪些老虎的身体部分。

（2）其次，幼儿学唱《两只老虎》。接下来，请幼儿根据歌曲创编出第三只老虎的歌词，再根据幼儿创编的歌词，配上相应的图片，并张贴在黑板上，组织幼儿进行演唱，初步掌握创编歌曲的方法。

（3）最后，请每组幼儿根据图片和任务卡的提示进行演唱。根据幼儿掌握情况，教师打乱黑板上图片的顺序，幼儿进行演唱。也可以加深难度，随意去掉黑板上的图片，请幼儿根据记忆来进行演唱。

图 6-30　儿歌《两只老虎》

案例三：5～6岁幼儿艺术活动"布谷鸟"

（西安市第二保育院　李晓红）

活动目标：

（1）乐于参与音乐活动，体会在小组中与同伴合作协商的重要性。

（2）感受布谷鸟音乐的4分节拍，根据虫子位置、数量的变化随音乐打节奏。

（3）能够和队友友好商量创作出一种节奏，并且随音乐完整的打出来。

活动过程：

（一）开始部分

情境导入，激发兴趣。

（二）基本部分

1.感受不同的节拍

（1）出示空纸盘，请幼儿用自己的动作表示"没有"。

（2）出示1只虫子，请幼儿用自己的动作表示"有"。

（3）出示2只虫子，请幼儿用自己的动作尝试打节奏。

（4）增加单个盘子中虫子数量（先2只，再3只，根据幼儿水平），幼儿尝试跟音乐打节奏。

2.幼儿分组合作，根据自身水平尝试商量出一种节奏类型

（1）介绍规则：自由组合分成四个组，每组商量出一种喂布谷鸟的方式，想喂几只虫子都可以，可以喂2只，也可以喂3只，但都要跟着音乐完整地打出它的节奏。

（2）幼儿分组尝试，教师指导。

（3）幼儿跟音乐分组展示，幼儿进行自我评价和互相评价。

（三）结束部分

（1）幼儿合奏。

（2）根据幼儿水平可以再演奏一遍，请幼儿当指挥官。

（四）活动延伸

尝试创编不同方式来演奏布谷鸟音乐的节奏。

案例视频：《森林探险》

知识拓展

艺术教育

艺术教育是培养幼儿全面发展的重要部分。虽然艺术表现形式与手段是多样的，各具特殊性，但其本质的功能是一致的，为幼儿提供美育、智育、体育及德育。

艺术教育的核心是美育，艺术教育不仅仅是唱歌、跳舞、画画、演奏等这些具体的艺术技能，而是要渗透到各个学科和教育教学的全过程，各个学科都要体现美育的要求。艺术教育的任务是培养审美观念、鉴赏能力和创作能力，以培养鉴赏能力为主，创作能力为辅，使受教育者在欣赏优秀艺术品的实践中学习审美知识，形成审美能力。

知识巩固

一、选择题

1. 在"春天的花"美术活动中，教师不适宜的做法是（　　）。

A. 让幼儿按照教师的范画绘画

B. 组织幼儿观察幼儿园的花

C. 提供各种花的照片组织幼儿讨论

D. 引导幼儿观察有关花的名画

2. 幼儿美术教育在本质上是一种（　　）。

A. 美术知识教育

B. 美术技能教育

C. 感受美和表现美的教育

D. 美术情感教育

3. 5～6岁幼儿一般达到的音区为（　　）。

A. c1—a1　　　　　B. c1—b1　　　　　C. c1—c2　　　　　D. c1—b1

二、简答题

（1）幼儿绘画能力的发展特点有哪些？

（2）幼儿美术活动的教学原则与方法有哪些？

（3）幼儿泥工的主要技法有哪些？

（4）幼儿音乐能力的发展特点有哪些？

（5）幼儿音乐活动的教学方法有哪些？

（6）幼儿需要掌握的唱歌有哪些技巧？

（7）幼儿常用的打击乐器有哪些？

三、材料分析题

在"车轮滚滚"主题活动中，中班幼儿对画汽车产生了兴趣。为了提升幼儿的绘画能力，郭老师提供了面包车的绘画步骤图，鼓励每个幼儿根据步骤图画出汽车。

1. 郭老师是否应该投放绘画步骤图？为什么？

2. 如果你是郭老师，你会怎么做？

四、活动设计

1. 请以"美丽的泡泡"为题，设计一次绘画活动。

2. 请以《国旗国旗真美丽》为题，设计一次唱歌活动（如图6-31所示）。

图 6-31　儿歌《国旗国旗真美丽》

参考文献

［1］刘馨，万钫．幼儿卫生保育教程［M］．北京：北京师范大学出版社，2020．

［2］赵青．0～3岁婴幼儿卫生与保育［M］．北京：北京师范大学出版社，2021．

［3］刘凤英，戴南海．学前儿童卫生与保育［M］．长沙：湖南大学出版社，2020．

［4］代娅丽，胡红梅．婴幼儿动作发展与训练［M］．重庆：西南师范大学出版社，2021．

［5］唐敏，李国祥．0～3岁婴幼儿动作发展与教育［M］．上海：复旦大学出版社，2022．

［6］陈雅芳，陈春梅．0～3岁儿童动作发展与训练［M］．上海：复旦大学出版社，2021．

［7］陈水平，郑洁．学前儿童发展心理学［M］．北京：北京师范大学出版社，2013．

［8］文颐．婴儿心理与教育［M］．北京：北京师范大学出版社，2011．

［9］文颐．婴儿早期教育指导课程［M］．北京：北京师范大学出版社，2011．

［10］秦金亮．早期儿童发展概论［M］．北京：北京师范大学出版社，2011．

［11］陈帼眉．学前心理学［M］．北京：北京师范大学出版社，2015．

［12］海伦·莫勒特．有效早期学习的特点：帮助幼儿成为终身学习者［M］．北京：北京师范大学出版社，2019．

［13］中华人民共和国教育部．3～6岁儿童学习与发展指南［M］．北京：首都师范大学出版社，2012．

［14］乌焕焕，李焕稳．0～3岁婴幼儿教育概论［M］．北京：北京师范大学出版社，2019．

［15］冬雪．婴儿语言能力的培养［M］．北京：中国人口出版社，2003．

［16］王玲，马丽霞．婴儿早期教育与智能培养［M］．济南：济南出版社，2004．

［17］白燕．幼儿语言发展的教与学［M］．天津：新蕾出版社，2008．

［18］罗丹．前言语阶段婴儿手势对语言发展的预测［J］．学前教育研究，2020（9）：39-47．

［19］欧阳新梅．学前儿童语言教育［M］．南京：东南大学出版社，2014．

［20］彭聃龄，陈宝国．汉语儿童语言发展与促进［M］．北京：人民教育出版社，2008．

［21］罗莎琳德·查尔斯沃思．理解学前儿童心理发展［M］．王思睿，译．北京：中国轻工业出版社，2018．

［22］左志宏．婴幼儿认知发展与教育．［M］．上海：上海科技教育出版社，2019．

［23］北山叶子．0～3岁幼儿自我认知绘本［M］．武汉：长江少年儿童出版社，2020．

［24］米歇尔·德·哈恩，马克·H．约翰逊．认知神经科学前沿译丛（第一辑）：人类发展的认知神经科学［M］．李红，周晓林，罗跃嘉，译．杭州：浙江教育出版社，2018．

［25］琳恩·默里．婴幼儿心理学［M］．北京：北京科学技术出版社，2019．

［26］王明晖．0～3岁婴幼儿认知发展与教育［M］．上海：复旦大学出版社，2011．

［27］甄丽娜．学前儿童认知发展与教育［M］．北京：北京师范大学出版社，2016．

［28］王蕙然．学前儿童艺术教育［M］．北京：北京师范大学出版社，2014．

［29］陈杰琦．核心经验与幼儿教师的领域教学知识丛书——学前儿童艺术发展核心经验［M］．南京：南京师范大学出版社，2021．

［30］侯素雯．幼儿美术教育与活动指导［M］．2版．北京：北京师范大学出版社，2021．

［31］王丹．幼儿音乐教育与活动指导［M］．北京：高等教育出版社，2014．

［32］孔起英．幼儿园美术领域教育精要——关键经验与活动指导［M］．北京：教育科学出版社，2021．

［33］王秀萍．幼儿园音乐领域教育精要——关键经验与活动指导［M］．北京：教育科学出版社，2021．